PROCESS AND METHOD OF
PRODUCT DESIGN

产品设计程序与方法

刘震元　编著

中国轻工业出版社

图书在版编目（CIP）数据

产品设计程序与方法 / 刘震元编著. —北京：中国轻工业出版社，2023.9

ISBN 978-7-5184-1752-0

Ⅰ.①产…　Ⅱ.①刘…　Ⅲ.①产品设计　Ⅳ.①TB472

中国版本图书馆 CIP 数据核字（2017）第 305993 号

责任编辑：毛旭林　　责任终审：张乃柬　　整体设计：锋尚设计
策划编辑：毛旭林　　责任校对：吴大朋　　责任监印：张　可

出版发行：中国轻工业出版社（北京东长安街6号，邮编：100740）
印　　刷：艺堂印刷（天津）有限公司
经　　销：各地新华书店
版　　次：2023年9月第1版第8次印刷
开　　本：870×1140　1/16　印张：8
字　　数：232千字
书　　号：ISBN 978-7-5184-1752-0　定价：58.00元
邮购电话：010-65241695
发行电话：010-85119835　传真：85113293
网　　址：http://www.chlip.com.cn
Email：club@chlip.com.cn
如发现图书残缺请与我社邮购联系调换
231156J1C108ZBW

序一
PROLOG 1

中国的艺术设计教育起步于 20 世纪 50 年代，改革开放以后，特别是 90 年代进入一个高速发展的阶段。由于学科历史短，基础弱，艺术设计的教学方法与课程体系受苏联美术教育模式与欧美国家 20 世纪初形成的课程模式影响，呈现专业划分过细，实践教学比重过低的状态，在培养学生的综合能力、实践能力、创新能力等方面出现较多问题。

随着经济和文化的大发展，社会对于艺术设计专业人才的需求量越来越大，市场对艺术设计人才教育质量的要求也越来越高。为了应对这种变化，教育部将"艺术设计"由原来的二级学科调整为"设计学"一级学科，既体现了对设计教育的重视，也是进一步促进设计教育紧密服务于国民经济发展的必要。因此，教育部高等学校设计学类专业教学指导委员会也在这方面做了很多工作，其中重要的一项就是支持教材建设工作。

在教育部全面推动普通本科院校向应用型本科院校转型工作的大背景下，由设计学类专业教指委副主任林家阳教授任总主编的这套教材，在强调应用型教育教学模式、开展实践和创新教学，整合专业教学资源、创新人才培养模式等方面做了大量的研究和探索；一改传统的"重学轻术""重理论轻应用"的教材编写模式，以"学术兼顾""理论为基础、应用为根本"为编写原则，从高等教育适应和服务经济新常态，助力创新创业、产业转型和国家一系列重大经济战略实施的角度和高度来拟定选题、创新体例、审定内容，可以说是近年来高等院校艺术设计专业教材建设的力度之作。

设计是一门实用艺术，检验设计教育的标准是培养出来的艺术设计专业人才是否既具备深厚的艺术造诣，实践能力，同时又有优秀的艺术创造力和想象力，这也正是本套教材出版的目的。我相信在应用型本科院校的转型过程中，本套教材能对学生奠定学科基础知识、确立专业发展方向、树立专业价值观念、提升专业实践能力产生有益的引导和切实的借鉴，帮助他们在以后的专业道路上走得更长远，为中国未来的设计教育和设计专业的发展提供新的助力。

教育部高等学校设计学类专业教学指导委员会原主任

中国艺术研究院 教授 / 博导 谭平

序二
PROLOG 2

办学，能否培养出有用的设计人才，能否为社会输送优秀的设计人才，取决于三个方面的因素：首先是要有先进、开放、创新的办学理念和办学思想；其二是要有一批具有崇高志向、远大理想和坚实的知识基础，并兼具毅力和决心的学子；最重要的是我们要有一大批实践经验丰富、专业阅历深厚、理论和实践并举、富有责任心的教师，只有老师有用，才能培养有用的学生。

除了以上三个因素之外，还有一点也非常关键，不可忽略的，我们还要有连接师生、连接教学的纽带——兼具知识性和实践性的课程教材。课程是学生获取知识能力的宝库，而教材既是课程教学的"魔杖"，也是理论和实践教学的"词典"。"魔杖"通过得当的方法传授知识，让获得知识的学生产生无穷的智慧，使学生成为文化创意产业的有生力量。这就要求教材本身具有创新意识。本套教材从设计理论、设计基础、视觉设计、产品设计、环境艺术、工艺美术、数字媒体和动画设计八个方面设置的 50 本系列教材，在遵循各自专业教学规律的基础上做了不同程度的探索和创新。我们也希望在有限的纸质媒体基础上做好知识的扩充和延伸，通过本套教材中的案例欣赏、参考书目和网站资料等，起到一部专业设计"词典"的作用。

我们约请了国内外大师级的学者顾问团队、国内具有影响力的学术专家团队和国内具有代表性的各类院校领导和骨干教师组成的编委团队。他们中有很多人已经为本系列教材的诞生提出了很多具有建设性的意见，并给予了很多有益的指导。我相信以我们所具有的国际化教育视野以及我们对中国设计教育的责任感，能让我们充分运用这一套一流的教材，为培养中国未来的设计师奠定良好的基础。

教育部高等学校设计学类专业教学指导委员会副主任
教育部职业院校艺术设计类专业教学指导委员会原主任
同济大学教授 / 博导 林家阳

前言
FOREWORD

承蒙总主编林家阳教授信任，委托我编写本系列教材中的《产品设计程序与方法》。在感到荣幸之余，我的第一反应是这书名太像一本产品设计的"操作说明"，使我对是否能写好这本教材产生了疑虑。尤其是"程序"一词，让我非常为难，因其在很大程度上强调"事情进行的先后次序"，有一种按部就班的秩序感，甚至还可能会和计算机学科中的"程序"一词发生混淆。试想如果设计都可以按部就班地来做，那么创意和设计的过程会变得多么机械化，创新又何从谈起？设计作为一种创造性活动，其本质更关乎思维的方式和弹性，而非执行顺序的先后，僵化的程序难免会束缚设计思维的发展。不仅如此，由于我本人在同济大学的授课内容涵盖设计实训、设计鉴赏、设计思维和设计方法，深知设计的方法因设计对象而异、因设计师而异，且因时、因地、因事而异，并不存在一种百试不爽的万能方法，也不可能存在操作大全。

以上是在准备编写这本教材初期所面临的真实疑虑和担忧。但这是已确定的系列教材，且符合书名与实际课程的对应性及长期以来的学科认知，所以最终仍采用此教材名。但是究竟该如何化解以上忧虑与矛盾，如何使这本教材既具有一定的理论性和系统性，又具有指导实践的操作性，并且不能太生硬僵化，使学习者陷入机械化的设计认知模式中；如若可能，最好还能在一定程度上适应不同的学习背景和学习目的？有意思的是，这些思考与挑战本身已然变成了设计问题。

既然如此，就像一个好的设计通常是从回归问题的本质开始，本教材最终亦是从"如何理解产品设计"和"如何理解程序与方法"这两个最本质的问题入手，形成自身特色。通过对产品设计的发展沿革和范畴的形式化定义，在课程的开始便给出一个理解产品设计的基本框架和体系，以便为不同的设计"视角"提供一个系统的参照。而在"程序"和"方法"的理解上，本教材遵循对"程序"的广义理解和"方法"的多元性原则。从广义的定义来看，可以将"程序"理解为指代"设计思维过程的先后阶段"。而从方法的多元性角度，本教材将从产品设计范畴下三个各具特色的视角展开，对特定视角下的设计方法进行针对性介绍与讲解，希望可以鼓励并启发学生融会贯通，举一反三，灵活变通地理解和掌握设计方法的要义。

本教材的编写遵循学科特点和教育教学规律，致力于全面、准确地落实党的二十大精神，充分发挥教材的铸魂育人功能。全书以加强社会主义核心价值观教育、促进学生德艺兼修、帮助学生奠定一定的审美基础和创意思维基础为出发点，希望能够成为设计类专业的实用好教材，为广大师生提供有益的参考和借鉴。

刘震元

课时
安排

（参考课时：66）

章节		课程内容		课时	
第一章 课程导论 （12学时）	第一节 如何理解产品设计	1. 引言：产品设计无处不在	2		6
		2. 产品设计的发展沿革	2		
		3. 产品设计的范畴	1.5		
		4. 小结：一个参照系	0.5		
	第二节 如何理解程序和方法	1. 程序的广义理解	1		2
		2. 方法的多元性	1		
	第三节 课程特色介绍与导入	1. 基于产品设计范畴的"三个视角"	2		4
		2. 基于设计思维过程的"四个阶段"	1		
		3. 课程知识点总览	1		
第二章 设计与实训 （48学时）	第一节 课题1：材料视角与产品设计	1. 课题要求	0.5		16
		2. 案例分析	1.5		
		3. 知识要点及设计程序	14		
	第二节 课题2：原型视角与产品设计	1. 课题要求	0.5		16
		2. 案例分析	1.5		
		3. 知识要点及设计程序	14		
	第三节 课题3：情境视角与产品设计	1. 课题要求	0.5		16
		2. 案例分析	1.5		
		3. 知识要点及设计程序	14		
第三章 案例赏析 （6学时）	第一节 材料视角与产品设计案例赏析	1. 数码类：ASUS竹质／皮质笔记本	0.5		2
		2. 家居类：宣纸椅	0.5		
		3. 电器类：LG盛唐纹冰箱	0.5		
		4. 文具类：Freitag环保包袋	0.5		
	第二节 原型视角与产品设计案例赏析	1. 数码类：iPod音乐播放器	0.5		2
		2. 家居类：±0盐和胡椒罐	0.5		
		3. 电器类：Nespresso胶囊咖啡机Citiz	0.5		
		4. 文具类：国誉(Kokuyo)多角橡皮擦	0.5		
	第三节 情境视角与产品设计案例赏析	1. 数码类：自拍杆Selfiestick	0.5		2
		2. 家居类：OXO"轻松看"量杯	0.5		
		3. 电器类：搅拌机便携杯	0.5		
		4. 文具类：Hang-on挂钩笔	0.5		

目录
contents

第一章　课程导论 ·· **10**

第一节　如何理解产品设计 ·································· 11

　　1. 引言：产品设计无处不在 ·························· 11

　　2. 产品设计的发展沿革 ····························· 13

　　3. 产品设计的范畴 ································· 18

　　4. 小结：一个参照系 ····························· 19

第二节　如何理解程序和方法 ································ 20

　　1. 程序的广义理解 ································· 20

　　2. 方法的多元性 ································· 21

第三节　课程特色介绍与导入 ································ 22

　　1. 基于产品设计范畴的"三个视角" ···················· 22

　　2. 基于设计思维过程的"四个阶段" ···················· 25

　　3. 课程知识点总览 ································ 27

第二章　设计与实训 ·· **28**

第一节　课题 1：材料视角与产品设计 ······················· 29

　　1. 课题要求 ···································· 29

　　2. 案例分析 ···································· 30

　　3. 知识要点及设计程序 ····························· 45

第二节　课题2：原型视角与产品设计 49

　　1. 课题要求 49

　　2. 案例分析 50

　　3. 知识要点及设计程序 62

第三节　课题3：情境视角与产品设计 65

　　1. 课题要求 65

　　2. 案例分析 66

　　3. 知识要点及设计程序 82

第三章　案例赏析 **88**

第一节　材料视角与产品设计案例赏析 89

　　1. 数码类：ASUS 竹质／皮质笔记本 89

　　2. 家居类：宣纸椅 93

　　3. 电器类：LG 盛唐纹冰箱 96

　　4. 文具类：Freitag 环保包袋 100

第二节　原型视角与产品设计案例赏析 104

　　1. 数码类：iPod 音乐播放器 104

　　2. 家居类：±0 盐和胡椒罐 109

　　3. 电器类：Nespresso 胶囊咖啡机 CitiZ 111

　　4. 文具类：国誉（Kokuyo）多角橡皮擦 115

第三节　情境视角与产品设计案例赏析..118

　　1. 数码类：自拍杆（Selfiestick）..118

　　2. 家居类：OXO"轻松看"量杯...121

　　3. 电器类：搅拌机便携杯...123

　　4. 文具类：Hang-on 挂钩笔..126

第一章

课程导论

第一节　如何理解产品设计

第二节　如何理解程序和方法

第三节　课程特色介绍与导入

本章是整个课程的开篇，为课程的导论部分。我们将对"如何理解产品设计"和"如何理解程序和方法"两个课程开展的重要前提，做一个概念上的梳理和界定；并以此为基础，对本教材涉及的课程特色及相关创新进行介绍，从而帮助理解课程所提出的影响产品设计程序和方法的三个设计视角，即材料视角、原型视角和情境视角；并导入设计思维过程的基本程序，即设计中的"起、承、转、合"；最终通过三视角和四程序的交叉矩阵，来说明本教材第二章中将要涉及的12个核心知识点的出处，以及每个知识点在整个课程知识体系中的对应位置。本章将为课程的开展做好概念和理论上的铺垫，并帮助学生建立对课程的好奇和兴趣。

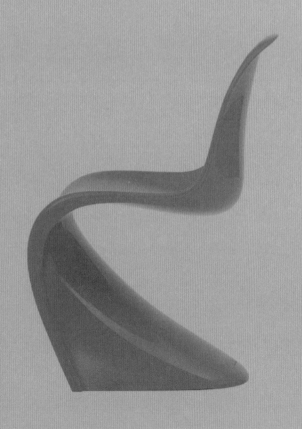

第一节　如何理解产品设计

本节主要由四个部分组成。一是课程的引言，将从文明和生活两个视角引导对产品设计的辐射面与影响力的思考，阐发学习产品设计的动力和意义。二是简要回顾产品设计的发展沿革，从历史的维度总结概括产品设计所涉及的问题与范畴。三是从范畴的角度对本课程所涉及的产品设计概念做一个界定，以为本章第三节中"三视角"的导入做好系统层面的认识准备。四为本教学章节的总结。

1. 引言：产品设计无处不在

（1）人工世界

在我们所生活的这颗蓝色星球上，除了人类，没有任何一类物种可以在自然世界之外构建一个经过构思、计划，并通过制作和生产，最后实现产品化与商业化的物质世界。人类的文明在地球本身的自然世界之外，构建了一个全然的"平行世界"，一个由人造物组成的物质文明的世界——人工世界。

在这个人工世界中，产品是最基本的单元。对于生活在地球上的人们来说，产品与我们的生活息息相关。每一天从清晨按停闹钟、起床刷牙，直到夜晚爬上床、熄灯睡觉，无论是否察觉，我们每个人、每一天无时无刻不在与身边形形色色的产品打交道。而每一件被我们所使用的产品背后，都或多或少经过设计。有意无意之间，我们通过对身边产品的选择构建着我们的生活，定义着各自的品位。而一个国家、一个民族，也正是通过他们所生产的产品，传达着各自的国家与科技实力、文化与价值认同。（图1-1、图1-2）

图 1-1　红点奖 1 / 德国

图 1-2　红点奖 2 / 德国

因此，无论一件产品多么小、多么平凡、多么不起眼——虽存在于生活中，我们却丝毫没有察觉（在意）——都是人类物质文明的重要组成部分。就像我们经常说的一句老话——只有当我们失去时，才会真正明白拥有的意义，很多时候或许只有当生活中那些不起眼的小产品突然从身边消失时，我们才会重新意识到它们的价值，以及创造这些价值背后的设计与巧思，比如回形针。

（2）无处不在的产品设计：以回形针为例

回形针（图1-3）从诞生之初到现在已经经过了一个多世纪，中间经历了不断的技术发展和设计改良，如果精确计算年份的话，这应该是横跨了现代人类文明3个世纪的一件人造产品。我们可以从时间和空间两个维度来想象一下，这个世界上有多少地方、多少人使用过回形针，答案一定是非常惊人的。因此，一枚小小的回形针虽然不起眼，但作为一件人造产品，它的影响力却渗透在我们每个人的工作和生活之中。而正像我们前面所提到的，我们生活中所接触的每一件产品，事实上都是经过"设计"的。下面我们以回形针为例，做个小小的"测试"，让我们换一个角度来亲身感受一下，在"微乎其微"的产品背后的设计工作。接下来，请大家花2分钟时间，以最快的速度尽可能多地列出"一枚回形针具体满足了哪些设计要求？"。

图 1-3　一枚普通的回形针

下面我们来揭晓一下，一枚普通的回形针背后至少需要满足这七大设计要求：

① 能有效夹住一定厚度的纸　　　⑤ 体积小并且便于储放

② 使用时不能轻易地刮破纸　　　⑥ 尽可能少用材料以降低成本

③ 不容易缠绕在一起　　　　　　⑦ 使用方式方便快捷

④ 夹在纸上不能太突兀

图1-3中的是市场上最普遍、普通的一种双椭圆式回形针，并且也是历史上使用时间最长的一款回形针。根据以上列出的设计要求我们不难发现，极简的双椭圆样式的设计很好地满足了这些要求：弧形的端头使纸张不容易被刮破，紧密相切的内外两个椭圆确保回形针之间不会相互缠绕，内外两个椭圆的大小、位置和比例关系有效地控制了回形针的夹持能力，对弹性钢丝的纯粹应用使得扁平化、小体量、低成本和易使用皆得以实现。难怪这款双椭圆样式的回形针自它在19世纪末被设计发明后，除了一些局部细节的改进外，至今我们仍在持续地使用。

以上的例子无非想说明这样一个概念：我们的生活已经和人造产品紧密地融合在了一起，生活中所有我们或许早已习以为常的物品背后，事实上都离不开设计和创新。这是一份重要的工作，而一个好的设计未必一定要轰轰烈烈，在每一件平常而被持久使用的物品背后，都有着经典的设计。

2. 产品设计的发展沿革

在展开对产品设计的程序和方法的讨论与学习之前，有必要对产品设计的概念和范畴做一个梳理和界定。而要更好地理解产品设计的概念和范畴，则有必要对其发展沿革做一个基本了解。所谓想要知道"我是谁"，就要知道"我从哪里来"，并且"要到哪里去"的问题。这也是为什么在大部分设计院校，都设有设计史这门课。当然，本教学环节的定位显然不会是像专门的设计史课程那样，来详细全面地按照历史的发展进程来解读和分析产品设计的沿革，而是一个归纳和总结性质的简要概览，以为后一节产品设计的范畴定义做一些脉络上的梳理。

从历史和词源的角度来看，"设计"一词翻译自英文design，而design一词则来自于拉丁文desegno。这是一个来源于文艺复兴时期的艺术批评术语，指作品的草图或素描，进而也可以理解为一件作品最根本的理念。而"设计"一词广为人知，并迎来随之而来的自身发展和进步，则是在工业革命之后。

现代意义上的产品设计可追溯至20世纪初的欧洲，工业化大生产推动了现代企业的发展和成型，也使设计与现代生产模式、人类生活方式空前紧密地结合起来。工业革命后的产品设计在发展过程中，在不同国家和不同地区产生出众多的运动、流派和理论，如英国的工艺美术运动、德意志的制造同盟及后来的包豪斯学院、荷兰的风格派、美国的流线型风格运动等，从这样的沿革中我们可以大致总结出以下四个主线的内容。

（1）以统筹大规模批量生产为中心的产品设计

工业革命是以"机械化"和"大批量生产"为标志的产业革命，机械生产逐步取代传统手工业生产，使得产品实现大批量和标准化生产成为可能。为了使产品能够为更多的人所使用、喜爱，也为了避免产品在机械化生产中产生各种问题，在大批量生产之前需要有专人来协调各工种与工序，整合"需求、制造、流通、使用"等各环节的限制和利益，以提高生产效率并使得效益最大化。这是现代产品设计诞生的背景，也是当时设计所起到的最大作用。在这样的背景下，产品设计被要求与材料工艺和生产制造紧密结合，在设计上追求简洁、纯粹、精确和功能主义。也正是在这样的背景下，才有了我们现在耳熟能详的"形式追随功能"和"少即是多"等口号般的设计原则。事实上，在这些"口号"背后所传达的是面向物质生产的效率美学。

在这一方面，一个很好的例子就是1859年问世的索涅特14号椅（Thonet chair，No. 14）。如图1-4，索涅特椅局部以机器制造，部分靠手工将规格化零件加以组合拼装，并且这些零件可用在不同的款式上，而14号椅则成为其中的经典之作，也成为现代量产家具的原型和典范。根据资料，到1930年14号椅已经生产了5千万把，至今仍在制造，实属产品设计历史上的成功之作。早在1830年左右，索涅特便尝试将木制家具零件弯曲成弧形。他开发出一种方法，使得坚硬的山毛榉木条能够在蒸汽压力之下弯曲成圆形或S形。他将事先裁切好的山毛榉木条在加压蒸汽室中加热超过100摄氏度，而后把已经变得极富弹性的木条嵌入铁铸模型中。为了防止木条裂开，必须在曲形外部紧紧箍上不锈钢薄片，同时通过这样的工艺可以使木材达到超越平常的弯曲程度。在此之后，将折弯的木条在70摄氏度的环境中缓慢干燥20小时。最后将零件自模型中取出，打磨、上色并抛光。这样的设计使得索涅特椅特别适合工厂的系列化生产，同时亦方便拆解、运输和组装，这也是它如此成功的原因之一。体现出产品设计从材料加工到生产流通的全流程系统整合。

（2）以刺激市场消费和助力商业竞争为主的产品设计

随着工业化社会和市场经济的到来，产品的研发、生产、营销都逐步完善，新产品以超乎以往任何时期的更新速度与品种数量充斥着市场，而消费者也习惯于面对琳琅满目的商品。产品设计在工业化初期所起到的协调生产关系的作用逐渐减弱，取而代之的是对风格、款式和流行的追求与打造。

在这一方面，一个很好的早期例子是20世纪30年代从美国流行起来的流线型设计风格。流线型风格以圆滑流畅的流线体为主要形式，最初主要从空气动力学的角度运用在汽车、火车等交通工具上，后来由于其样式的"未来感"和"先进性"等原因而广泛流行起来，几乎波及所有的产品外形。从卷笔刀到家用冰箱，产品的外形都被设计成不具功能性（与空气动力学无关）的流线型造型。如图1-5，由于其造型的独特风格突破了人们对产品原型的既有印象，受到市场和消费者的青睐。

（3）以人（用户）为中心的产品设计，注重设计如何围绕人的行为、情感和体验展开

当产品设计在消费主义的大旗下茁壮成长的时候，对产品实际使用者的真切需求的关注也日趋增强。除了满足人们对拥有更高品质物质生活的渴望以及企业对更具竞争力的产品市场表现的追逐之外，设计师意识到产品设计最终还是要回归人们的生活，回归我们真实的日常。产品的设计必须面向真实的生活场景和情境，必须为每一个真实存在的个体的切实需求而服务。

在这里我们将列举的并非是某位大师的某件重要的设计作品，而是两部影响了几代设计师的设计理论著作。一本是维克多·帕帕奈克（Victor Papanek）的《为真实世界的设计》（*Design For The Real World*），在这本当时颇具争议的著作中，帕帕奈克提出自己对于设计目的性的新看法，即设计应该为广大人民服务；同时设计应当更具有包容性，并且应该认真考虑地球的有限资源使用问题。他指出，如果设计真的想要改变世界，并使之朝着更好的方向发展，那设计师就必须走到真实的世界中去，而非一味地为创造"渴望"和"商业价值"而服务。另一本则是唐纳德·诺曼（Donald Norman）所著的《日常的设计》（*The Design Of Everyday Things*，也被翻译为《设计心

图1-4 索涅特14号椅/麦克·索涅特（Michael Thonet）/德国/1859

图1-5 流线型风格卷笔刀/雷蒙·罗维（Raymond Loewy）/美国/1934

理学》）。诺曼在书中强调以人为本的设计哲学，希望能够提升消费者与设计者对于产品易用性的觉醒。他指出设计人员或商家在构思产品时，在推崇外观美感、艺术风格和成本之前，应该首先设身处地地想象一下用户的感受，为设计的易用性而努力才是产品的生命力之源。在书中他还给出了易用性设计的相关原则与方法：一个好的设计应当让使用它的人能够简单容易地得悉其基本运作原理（概念模型），外观的设计应该拥有足够明确的信息使人知道该如何去操作（可视性），操作及其所产生的产品实际反馈之间应该有简单易懂的匹配关系（正确的匹配），并且能够及时提供操作后的实际效果以真正完成一次产品的使用体验（有效的反馈）。

（4）以概念性和实验性为主的产品设计

在这一方向，设计不仅仅以一种服务社会的姿态存在，而更添了一份"主人翁精神"，即设计被理解为一种批判和反省的工具，以提醒和刺激我们重新审视现实世界及其未曾触及的可能性。这样的设计往往极具挑战性和颠覆性。它们通常不以协调和统筹物质的高效与合理生产为目的，也不以市场竞争和商业利润为标杆，甚至也不考虑产品的适用人群会是谁，又会在怎样的情境下被使用。在这里，设计师的主要任务是通过设计作品来向人工世界的现存设计理念、标准和原则进行"对话"，以表明立场并提出新的设计视角、理念和方法，其背后的主要根据往往是反对固化的、标准化的设计原则和方法，主张我们在构建人工世界之时应当是多元的和不断突破固有思维的。因此，这一类的优秀设计作品往往会显得比较"无用"，有时更像是一种宣言，它们的归宿通常都会是世界各大设计博物馆。相比为大规模和商业化生产以及人们的日常生活服务的设计，此类设计把自己的舞台放在了展览、媒体、出版物和博物馆，每天也和成千上万的人们发生"对话"，拥有其特有的价值。

在这一方向上的设计案例也是不胜枚举，并且常常颇为著名。例如与20世纪20-30年代的荷兰风格派运动有着不可分割联系的红蓝椅。（图1-6）荷兰风格派主张以纯粹的几何原则来进行设计，拒绝"复制自然"并严格遵守构成主义的原则。红蓝椅在造型上缩减到了最基本、最"永恒"的元素，它的设计师赫里特·里特维尔德用15条木方棍作为框架，两片木板分别构成座面和靠背，在色彩上回归最基本的红黄蓝三原色以及黑色，成为其鲜明的风格特色，红蓝椅也因此而得名。风格派创始人之一蒙德里安的著名抽象绘画系列（图1-7）则与红蓝椅有着异曲同工的创作理念。红蓝椅虽然具有明确的功能性，其简洁的零件设计也非常针对大规模批量生产，但相比之下它的设计出发点更像是设计师的一种宣言和在特定设计思潮下的产物，更具有一种概念的实验性。因而红蓝椅在当时从未真正超越原型阶段而投放实际生产。显然，这把椅子的实验性和宣言性远远大于其被使用和商业化的可能，因为很明显这不太会是一把舒服的椅子。有意思的是，当时没能被量产的遗憾，到了今天红蓝椅以"设计经典"之名而被生产并销售。除风格派之外，在这一方向上的设计还有不少代表，包括后来意大利的"孟菲斯"团体和荷兰的DROOG团体（图1-8）等。

图 1-6　红蓝椅 / 赫里特·里特维尔德（Gerrit Rietveld）/ 荷兰 / 1918

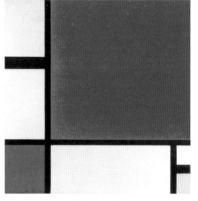

图 1-7　红蓝黄的构成（Composition in Red, Blue, and Yellow）/ 皮特·蒙德里安（Piet Mondrian）/ 荷兰 / 1930

图 1-8　抽屉之橱 Chest of Drawers，取自再生、回收价值的概念，把旧家具的抽屉用束带捆绑重组，每个抽屉各有特色和深藏的回忆 / 提欧·雷米（Tejo Remy），DROOG / 荷兰 / 1991

3. 产品设计的范畴

上一节我们对产品设计的发展沿革做了一个非常简要和概括的梳理，其目的并非在于对设计历史的全面和深入探讨，而是希望大家思考这样一个问题：纵观产品设计的发展历史，究竟什么才是设计，什么又是好的产品设计？因为逻辑上，只有知道什么是好的设计，我们才能有评判设计方法和程序好坏的标准。但事实上，类似"什么是好的设计"这样的问题常常被称为"天问"。正如之前我们所提到的，"设计"一词的词源可以追溯到拉丁文desegno，指作品的草图或素描，进而也表示一件作品最根本的理念。既然设计中包含"理念"的成分，就不可否认设计作为一种人类的创造性活动，其在根本上具有不可回避的主观性。因为不同的立场，不同的视角，不同的价值主张，甚至不同的历史文化等原因，都会对这一"根本理念"产生影响。通过对产品设计发展沿革的简要梳理我们可以看到，设计师、设计理论家或教育家等设计领域的相关人员，也一直在通过各自的实践作品或理论成果，来努力尝试给出他们的回答。因而很显然，关于什么是"好的产品设计"这类的问题，定义可以存在，却不会存在一个唯一的"正确答案"。但至少通过这些尝试，我们可以对产品设计所处理的问题和追求的方向给出一个范畴上的归纳和界定，从而使我们在一个更为系统的框架下，来讨论产品设计的概念范畴、价值追求抑或评判标准。这是本课程中的一个非常重要的教学环节。

根据前面梳理的产品设计发展沿革的四大主线，我们可以相应地对产品设计的范畴做出一个归纳性的界定。（图1-9）

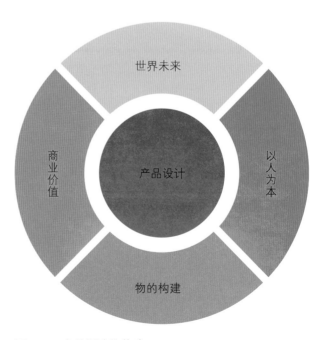

图 1-9　产品设计的范畴

（1）产品设计是对物质的高效和美学构建

这是产品设计的根本任务。在本课程中所指的"产品"和"产品设计"都是基于这一范畴之内，都是关于物质的有形构建的，即以"物"为最终的设计载体。那些相对更为广义的对于"产品"的概念定义——例如服务、信息、知识、体验等非物质性的"产品"——不在本课程的讨论范围内。在这一方向上，材料、结构、技术、美学等，这些都是必要的讨论，也是相对传统上人们所认识与理解的产品设计的基本要素。尤其是材料和技术，在这里会对产品设计起到非常关键的影响。

（2）产品设计是通过其商业价值而存在的

商业价值是产品设计的本质动力，产品设计不能独立于资本和商业之外而存在。因而它与市场和商业息息相关，这也是想要通过设计影响和改变世界的重要动力。在这一方向上，产品作为企业和品牌的商业载体，设计作为产品的附加价值而存在，不断追求新的市场可能和商业价值。求新求异，有别于他，不断更新是其过程中的基本逻辑。

（3）产品设计是以人为中心的

人是产品设计的服务对象。人的尺度、认知、心理、情感、体验和尊严等因素，这些都是必要的讨论，也是产品设计学科在不断自省的发展过程中所确立下来的一大内核。例如产品设计应该符合人的生理和心理特点；符合人的行为习惯、生活方式、文化语境；不需要额外的解释便能是人得以方便使用；产品无论在外观上还是使用体验上都应当是良好的等。在这一层面，考虑并沉浸到人们使用产品时的真实情境就显得十分重要。

（4）产品设计是面向世界的未来的

这是产品设计的责任义务。这里包括产品设计对人工世界建设性的批判和对社会有责任的担当。爱因斯坦说，我们永远无法用产生问题的思维来解决问题，因此打破固有思维，创造性地提出并运用全新的视角来看待和处理设计的作用和意义，就显得十分重要。实验性和先锋性对产品设计而言亦是宝贵的原则。这或许也是为什么产品设计的定义始终再被不断突破和更新。

4. 小结：一个参照系

之前我们提到希望大家思考这样一个问题：究竟什么才是设计？什么又是好的产品设计？因为逻辑上，只有知道什么是好的设计，我们才能有评判设计方法和程序好坏的标准，我们的课程才有展开的根据和追求的方向。通过本节对产品设计沿革的梳理和产品设计范畴的定义，我们不难发现，对好设计的定义没有一个绝对的唯一标准，任何设计都要把其放在特定的关联域（context）和视角之下来评价才有意义。因此，本课程在一开始，希望给出一个如何理解产品设计的基本框架和体系，以便为不同的"视角"提供一个系统的参照，也为在接下来第一章第三节所提出的"三个设计视角"做好理论上的阐明与铺垫。

第二节　如何理解程序和方法

本节的主要作用是对课程中涉及的另外两个核心关键词"程序"和"方法"做一个概念上的阐明，以达到教学双方在概念上的共识，进而更有效地理解课程的设置和安排，推进课程的开展。

1. 程序的广义理解

看到程序一词，一般可能会有两个领域层面的理解。一是计算机领域中的程序，英文为program，指为了得到某种结果而可以由计算机执行的代码化指令序列。在这里，"程"有方程、程式的意思，"序"则意为次序或序列。二是管理领域中的程序，英文为procedure，简单来讲是指为进行某项活动或过程所规定的途径。在这个层面上，"程"有规程、章程的意思，"序"则更多的是顺序和秩序。

很显然，在本课程中，无论是上面的哪一种理解，都不可能很好地指导我们来开展设计。首先，设计不属于计算机领域。虽然现在有很多计算机辅助设计的工具和软件，包括参数化设计的兴起，但归根结底设计是人类的创造活动，其有在思维上和过程上的认知性、非理性，有时甚至是偶然性，即不确定性——并非一个program这么简单。最近人工智能的话题被炒得火热，但只要稍作了解就可以知道，其目的并非也不可能是让机器具有人类般的思维能力。因此，即便将来某一天人工智能得到了长足的发展，单凭计算机的程序或代码仍旧无法代替人类进行设计和创造性的工作。

其次，设计的过程也不是一个管理学上的问题。当然，设计过程中需要对信息、知识、决定和风险等作出有效的管理；管理的目的往往是为了控制质量和风险，从而提高效率和效果，统一的标准在这一方面非常重要。但设计除了需要追求效率之外，更需要追求创新和突破，没有也不可能有一个统一的标准。按部就班的procedure与设计追求创新和突破的内在驱动，本来就是相矛盾的。设计包含创新，而创新本身就是破坏性的。因而，试图通过某种规章制度或是以追求某种秩序为目的的"程序"，也无法指导我们来进行设计。

如此说来，我们究竟该如何理解程序一词？

在本课程的开展中，我们将主要从"程序"一词的广义定义来理解，其目的是为了使程序的概念对设计师或者设计专业的学生来说产生更具指导性的意义。所谓广义定义，是区别于狭义定义而言的。上面我们所提到的对程序的理解，主要都是基于对程序相对狭义的定义。而如果从更为广义和抽象的视角来定义的话，我们可以将"程序"概括地理解为一种时间上的"先后"序列，英文可以对应是order或是sequence这类意思。任何事情的发生和工作的开展，都会有一个时间上的过程，而在这个过程中先做什么，后做什么以及前后顺序中的相互关联是什么都具有其意义，这是对程序的定义一种更为广义的理解。另外，我们也可以把程序从"操作的步骤"更抽象地理解为"思维的阶段"，即设计思维过程中的标志性阶段及其相互之间的串联关系。因为只有灵活的思维才是设计活动最根本的工具，而非僵化的步骤。一言以蔽之，从广义的定义来看，我们可以将"程序"理解为指代"设计思维过程的先后阶段"。本课程也将会在这样的一个广义的定义基础上开展。

2. 方法的多元性

方法一词最早出现在《墨子·天志》："中吾矩者谓之方，不中吾矩者谓之不方。是以方与不方，皆可得而知之。此其何故？则方法明也。"在这里，方法指的是方形的度量之法。在英语中，方法一词最常用的是method，从词根上来看，意思是"按照某种路径/途径"（希腊词根中"沿着""道路"的意思），引申理解的话即有"行进去向某处的途径"之意。所以无论是汉语还是英语，从"方法"一词的语义出处上来看，都有一个目的性存在。前者是指判别方或不方，后者则是指去向某处。然而有句话叫做"条条大路通罗马"，我们经常会发现，去一个地方的"道路"可以有很多条，对于一个目的，其实现方法和手段亦不止一种。对此，我们可以从两个方面来进一步理解。

首先，仍用"道路"来打比方的话，对于一个目的地来说，从东西南北各个方向过去的路可以有很多条——如果把方法理解为实现某一目的的路径和工具，那么这样的路径和工具不仅取决于我们的目的地，同样取决于我们的出发点。对于同一个目的地，事实上是出发点决定着"道路"所"沿"的方向，从不同的出发点出发，"所沿的道路"（方法）就会各不相同。当我们讨论设计的方法时，同样如此。因此在做设计的时候，明确出发时的立足点和方向非常重要，这会直接决定设计"行进"过程中的路径和工具。本教材中，我们将给出三种不同的决定方向的要素，即三种不同的"设计视角"。不同的视角，意味着不同的设计方向，也对应着不同的设计方法。

其次，即便是同样的出发点和目的地，方法也并不是唯一的，而仍是多元的。举例来说：在都市中，人要从A点到B点的"方法"可以很多。可以是骑共享单车走街串巷；可以是开自驾车（叫出租车、网约车）走高架；可以是坐公交车走马路专用道；可以是坐地铁走地下；当然也可以是走慢行道步行或跑步。目的是去往同一个地方，但选择的策略、途径和工具不同，人们在通勤中的时间和经济成本就不同，所经历的体验和感受亦不同：若想要锻炼身体抑或是享受户外时光就会选择骑车或步行；若是想要躲避拥堵并准时到达就会选择地铁；若想要轻松舒适可以选择出租车。可见，方法的选择不仅取决于"方向"，同时也取决于我们"侧重"什么，而侧重什么同样取决于我们的"视角"。

在此可以总结一下：方法是一个由策略、途径和手段等所组成的选择性系统。方法的选择取决于我们上面所提到的方向和侧重。从辩证的角度来看，设计的方法没有绝对的唯一标准，世界上没有一个十全十美的设计，亦不会有一个包罗万象的设计方法大全。因此，设计方法的选择都是相对的。不同的视角下，所追求的"方向"和"侧重"就会不同，所选择的策略、途径和工具也会不同。本课程正是在这样一种方法多元性的原则基础上开展。因此，本课程中的设计方法不是什么"万能钥匙"，而是希望通过对特定视角下设计方法的介绍与讲解，为基于多元性原则的设计方法的学习和掌握，提供一些思路与参照，进而启发学生能够融会贯通，举一反三，灵活变通地来理解和掌握设计方法的要义。

第三节　课程特色介绍与导入

在前两节中，我们分别对如何理解产品设计以及如何理解程序和方法进行了讲解，现在我们将在前两节的基础上，对本教材的展开思路与特色进行讲解和介绍，从而帮助理解本课程所提出的影响产品设计程序和方法的三个设计视角和四个基本阶段。最终通过三视角和四程序的交叉矩阵，来说明教材第二章中将要涉及的12个核心知识点的出处及其在整个课程知识体系中的对应关系。

1. 基于产品设计范畴的"三个视角"

在本环节中，我们将介绍课程的特色之一，即开展产品设计的三种不同的切入视角。

无论是基于产品设计的发展沿革，还是基于方法的多元性，关于什么是好的设计的定义，并没有统一的绝对真理。如果有的话，若我们都按照某一个统一的绝对标准去构建人造世界的，生活将变得多么单调和缺乏新意。而设计本身的发展，也正是由于这种内在驱动力的多元化，始终充满了生命力和可能性。因此同样的设计对象，同样的问题，切入问题的视角不同，会带来思维方式的不同，因而设计的流程和解决问题的方法以及设计的最终结果也会大相径庭。在之前的两节中我们已经提到了"视角"这一概念。所谓视角，就是我们看待事物的角度和立场。它直接影响我们做设计的目的和对设计的评价标准，当然也就会直接影响我们做设计的方法和程序。

在本课程中，我们将基于对产品设计范畴的定义（图1-9）分别定位三个"视角"进行教学。它们的导入即本课程的创新之处，也是设计方法多元性原则的一大表现。这三个视角分别是：材料的视角、原型的视角以及情境的视角，它们分别对应来自产品设计范畴定义中的三个方向——"物的构建""商业价值"以及"以人为本"。（表1-1）

表 1-1　产品设计范畴中的三个方向与课程中的创新视角的对应关系

方向	视角
物的构建	材料的视角
商业价值	原型的视角
以人为本	情境的视角

对于本课程中所涉及的产品设计视角，以下有两点需要说明。

一是只讨论三个方向。可能大家会好奇，在之前产品设计的范畴定义中，我们共定位了四个方向，为何在导入视角时少了"世界未来"这一方向。主要原因是面向此方向的设计往往都不具有方法上的复制性。这是一个与"真理"对话的方向，这是一个不断创造新视角和新方法的方向，无定式无定法，故而在本教材中，我们不做针对性的讨论。留待每一位同学和每一位设计师去追寻自己的视角和方法。

二是每个方向上所代表的视角并不是有且仅有的关系。以上我们针对三个方向定位了三个不同的视角，然而这些视角并不是每个方向中的唯一视角。例如在"物的构建"方向中，除了有材料的视角，还可以有技术的视角或结构的视角等；在"商业价值"方向中，除了有原型的视角，还会有品牌的视角或成本的视角等；在"以人为本"方向中，除了有情境的视角，还可以有情感的视角或语义的视角等。因此本教材的做法是，在每个方向中定位一个较具代表性的视角，类似"举例说明"，以确保在有限的教学时间内覆盖三个方向。也希望以这样的方式，给学生提供一种学习和理解产品设计的程序与方法的参照，进而鼓励学生"举一反三"，进行延伸学习。

（1）材料的视角
如之前所澄清的那样，本教材中所指的产品设计都是基于对有形物质的规划与构建的。因此，从物质材料的视角出发是一个最基本的设计视角。

纵观人类文明的发展历史，例如石器时代、红铜时代、青铜时代、铁器时代，我们会很有意思地发现，在很大程度上我们是以人类文明所掌握的"材料"来命名我们的"时代"。可见对材料的认识和掌握，在人类物质文明发展进程中的重要意义。材料是设计的物质起点，任何设计都需要通过材料来实现。人类的设计意识与材料应用是相辅相成的，可以说人类设计的发展过程同时也是人类掌握和应用材料的发展过程。相应地，设计的过程很大程度上也是设计师对材料的理解、发掘、应用和创造的过程。随着科技发展，新的材料不断涌现，给产品设计提供了更大的舞台和可能。每一种新材料的发现和新工艺的发明，都有可能带来物质构建与生产的新突破，给产品设计带来新的机会。著名的潘通椅（Panton Chair）就是一个很好例子。（图1-10）

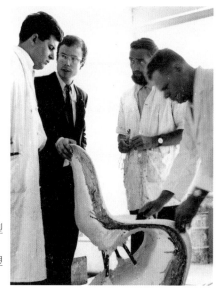

图1-10 潘通椅（Panton Chair）
完美地利用并表现了当时新型
塑料在模内高流动性的特点，
成为第一把"一件成型"的塑
料椅 / Vitra / 瑞士 / 1960

（2）原型的视角

基于原型的设计视角，定位自产品设计范畴中"商业价值"这一方向。在市场
竞争和商业策略面前，标新立异是一种基本的手段和方法。每个企业都希望能
够创造出有别于竞争对手的新产品。有时候，这样的"新"可以是细微的、精
致的；而有时候，我们也会期待看到与众不同的全新产品的出现。在后一种诉
求下，产品设计该如何来做？从产品原型的视角出发，将为这个问题提供一种
思路。

在这里需要的澄清的是，此处所指的原型，并非设计领域中有时也会用来指代
的产品"最初的模型"或类似"草模"的意思，而是表示一个物品本质特征
的最原始的认知模型。这是人们在意识中对物品进行定义分类时所生成的基于
物品"本质特征"的一种原始意向，所以这样的原始意向模型具有较强的普遍
共识。事实上在我们的生活中，我们对各种各样产品都有相应的原型概念，比
如吊扇、马克杯、台灯、马桶、鼠标、牙刷等，在看到或听到这些物品名词的
时候，相信大家都或多或少有对应的"画面感"出现，简单理解的话那些就是
我们脑中对于这些物品的原型概念。所以当某个产品超越了人们通常对其"原
型"的认知而仍旧合理存在时，就会带来颠覆性的商业竞争力。在这一方面，
戴森的产品就是很好的例子。（图1-11）

（3）情境的视角

基于情境的设计视角，源自"以人为中心"的设计原则，注重并倡导围绕人的
行为、情感和体验而进行设计。其核心理念即产品设计必须面向真实的生活场
景和情境，设身处地地想象用户的感受和体验，为产品的使用体验而努力，为
"真实的世界"而设计。

任何产品都不能脱离使用者而独立存在，而使用情境就是人在使用产品时，与产品发生交互关系的所有相关信息的集合，主要包括产品的使用对象（即用户）、产品的使用环境、用户的目标需求以及产品的使用过程等。在这个信息集合中，人在使用过程中的切实体验是最为关键的。因此，在这一视角下，我们要求设计走到真实的用户世界和使用情境中去，因为只有这样，设计师才能对所定位产品的使用情境有更为真实和切身的体会与洞察，从而发现并锁定设计机会。在这一方向上，对使用者的体验历程以及对设计问题的充分理解和洞察尤为重要，从而才能找到并清晰地定义设计目标。很多倡导"以人为本"的设计咨询公司都在这一方向上有很多优秀案例，例如著名的IDEO。（图1-12）

图 1-11　戴森（Dyson）无叶电扇因其对原有电扇产品原型的颠覆性突破成为独具竞争力的产品 / Dyson / 英国 / 2009

2. 基于设计思维过程的"四个阶段"

在本环节中，我们将介绍课程的第二个特色，即产品设计思维过程中的四个阶段。

在前一节关于如何理解程序的讨论中，我们已经阐明，在本课程中，我们对于程序一词的理解是相对广义的，即将其理解为"设计思维过程的先后阶段"。在本课程中，我们将设计思维的过程概括地分为"起、承、转、合"四个阶段，并将以此程序结合上述三个视角展开课程接下来的核心部分。

图 1-12　IDEO 基于对人们在超市的购物需求、行为与体验的理解与洞察，设计出优化的新型购物车 / IDEO / 美国 / 1999

相信大家对"起、承、转、合"这个说法应该并不陌生，它是很多艺术创作中常用的结构技巧之一，尤其是作为文章写作中的一种创作手法。古籍中说："作诗有四法：起要平直，承要春容，转要变化，合要渊水。"通过这样的归纳，古人将其理解的诗歌创作中的程序要领进行了很好的总结，也为后人提供了很好的参考。从中我们可以总结出几点。

一是"起、承、转、合"是一种系统性的视角，一种对创作程序的客观性和规律性概括。虽然诗歌和设计一样都属于创造性的活动——很多时候甚至会被贴上"天马行空"的标签和寄托，但并不是说想怎么做就能怎么做，并且能做到哪里算哪里，对于创造性的工作来说，或许更需要在不断实践和总结经验的基础上，提炼有效的"程序"来控制和提升创造的质量。二是通过系统性的视角可以看到，创造过程中的步骤或阶段都不是独立存在的，他们之间存在着紧密的相互呼应的关系。三是在"起承转合"中，每个环节都有自己存在的道理和意义，分别都要考虑"做什么"和"做到什么样"的问题。

"起、承、转、合"的理论方法并不局限于艺术创作或文学创作，所谓"他山之石，可以攻玉"，创造性的工作很大程度上更是触类旁通的。本教材的第二个特色就是将"起、承、转、合"的创作要领导入产品设计的程序和方法之中，并在此基础上结合产品设计的专业特点和本教材所定位的三个视角，提炼具有专业特点、创新特色、多元性原则以及高度可操作性的产品设计程序与方法。下面，对如何来理解产品设计程序中的"起、承、转、合"做具体介绍。

（1）起：理念起点

产品设计程序中的"起"就是设计的起点，是整个设计活动中第一个决定性环节。起，不仅意为起点，也有启动之意，具有驱动力和方向的指向性。在本教材中，我们从两个维度对这个起点加以界定。一是设计视角的定位，这是设计起点的视角维度。关于设计视角的定位，本教材给明确定义了三个视角——材料的视角、原型的视角和情境的视角。定位了任何一种切入的视角，就定位了设计起点的一个维度。二是基于创新视角定位的理论和原则，可以把它理解为设计起点的理念维度。伴随任何一个视角，都会有相应的理论和原则，例如在材料视角的背后，要求需要根据材料的自有特性来进行创造和机会发掘；或从情境的视角来说，首先则要求设计师需要真正地沉浸到产品的使用情境、用户的体验中去。这就是我们所说的理念维度，也是在特定视角下开展设计的立足点。

（2）承：资讯洞察

产品设计程序中的"承"指的是，在产品设计过程中，设计师面对设计机会发掘所进行的资讯积累与洞察的阶段。在这里，资讯是指对设计推进有价值的信息组合，设计师通过及时地获得这些信息并有效利用而能够在相对有限的时间内理解设计问题，并定位设计机会。在这一阶段，"承"也可以从两个维度来理解。一是延续的意思，即我们要求沿着设计起点的理念和方向往前走，带着特定的注意力去寻找、收集、整理有针对性的相关资讯。二是发展的意思，只有信息或情报的收集是不够的，必须对其要进行加工处理和认识开发，以便在设计推进过程中将情报转化为理解、洞察和发现。例如从原型视角出发的设计过程中，我们需要对产品的工作原理行进研究，以便在本质上认识产品原型的内部结构和潜在的创新可能；或在基于情境视角的设计过程中，我们则需要对收集到的用户调研信息进行有效的整理和组织，以便从一个更系统化的视角来理解和洞察使用者的体验历程。

（3）转：创新突围

产品设计程序中的"转"指的是在设计的视角理念和资讯洞察的基础上，提出创造性的设计思路和设计方案的阶段性过程。此处，对于"转"这个概念，我们仍旧可以从两个层面的意思来理解。一是思维上转折或扭转的意思，指设计思维的拐点，即突破既有思维对设计问题给出创造性的设计方案。二是过程上转向的意思，即设计从信息收集和概念发散的"放"的过程，慢慢转向设计方案和成果控制的"收"的过程，这是设计程序中又一个重要的标志性阶段。例如在材料视角的设计过程中，我们要求对材料应用能够开发出新的、突破性的思路或手段；或在原型视角下，要求设计能够打破原有的产品原型，进行颠覆性的假设和尝试。

（4）合：落地整合

产品设计程序中的"合"指的是，设计推进过程中，对设计方案进行优化完善，将概念、思路、创意真正落地，整合成产品设计的最终方案的阶段。对于"合"，我们同样也可以先从两个维度来理解。一是整合、统一的意思，设计要完整，即理念和手法要统一，细节和整体要统一。二是适合、吻合的意思，即最终的设计应当根据不同的设计视角、调研发现以及创意发想，对方案完善有一个相应的处理和针对性的追求。比如若是从材料的视角出发，最终的设计应当能够吻合并体现材料的特性和优势；若是从原型的视角来看，因为目标是要创造新的产品原型，则有必要考虑产品语义的可读性，以便使用者或市场可以顺利地接受新的改变；若是从情境的视角，则有必要对设计触点进行着重的强调与推敲，以确保最终设计对用户体验改善的作用和效果。

3．课程知识点总览

根据以上两个教学环节中所介绍的本教材的两大特色——基于产品设计范畴的"三个视角"和基于设计思维过程的"四个阶段"，我们在此给出本课程将要涉及的12个核心知识点以及它们在整个课程知识体系中的对应关系。（表1-2）

表 1-2　课程知识点总览

	起：理念起点	承：资讯洞察	转：创新突围	合：落地整合
材料视角	材料特性	工法上手	应用突破	细节自洽
原型视角	原型概念	工作原理	新的方式	语义可读
情境视角	使用情境	体验历程	机会锁定	触点强化

在接下来的第二章，我们将在设计实训环节中以"三个视角"为轴线开展三个方向的设计实训课题，并结合相应的设计师作品案例及学生作品案例，对每个方向及其知识点做详细的讲解。

第二章

设计与实训

第一节　课题 1：材料视角与产品设计
第二节　课题 2：原型视角与产品设计
第三节　课题 3：情境视角与产品设计

本章是整个课程的核心部分。我们将以第一章所介绍的产品设计的
三个特定视角——材料视角、原型视角和情境视角，展开三个有
针对性的设计实训课题。有别于设计专业课对设计成果的完成度要
求，本课程中的设计实训是以对不同视角下的产品设计程序和方法
的体会、理解和掌握为主要目的，作业的最终成果将以学习报告的
方式提交。

第一节　课题1：材料视角与产品设计

基于第一章中我们所介绍的对产品设计范畴的定义，对物质的高效和美学构建是产品设计最初、也是最根本的任务。因此基于物质材料的视角是一个最基本的产品设计视角。材料是设计的物质起点，任何设计都需要通过材料来实现。人类的设计意识与材料应用是相辅相成的，可以说人类设计的发展过程同时也是人类掌握和应用材料的发展过程。相应地，设计的过程很大程度上也是设计师对材料的理解、发掘、应用和创造的过程。接下来，我们将从材料的视角出发，结合设计程序中的起、承、转、合，展开本课程的第一个设计实训。并且在课题推进过程中依次讲解对应的四个重要知识点：材料特性、工法上手、应用突破和细节自洽。

1. 课题要求

（1）课题内容

选择一种大众相对熟知的材料作为研究对象，例如：木头、陶土、竹子或亚克力等，对材料的物质特性和体验特性进行深入研究和发掘，探索、掌握并发展具有特色的材料处理方法和成型工艺，试验并开发熟知材料的新的设计应用可能，进而创造新的材料体验和使用价值。

（2）训练目的

· 理解材料是产品设计创新的重要驱动因素
· 掌握基于材料视角的产品设计程序和方法

（3）知识点

· 起：材料特性　　·承：工法上手　　·转：应用突破　　·合：细节自洽

（4）重点难点

· 基于材料特性探索创造性应用
· 掌握材料特性、设计创想和细节处理的统一

（5）作业要求

按照课题布置的内容，依次完成材料视角下产品设计的"起、承、转、合"及相应的知识点训练，完成至少一个设计方案。记录材料特性的探索和创新应用过程，完成设计方案及设计过程的学习报告。作业评价要求包括记录并展现真实的实践过程，对材料特性的发掘和试验结果的表达与表现，对材料应用或工艺方法的创新之处以及材料特性与设计细节的统一。

（6）课时建议（包括课外时间）

本课题建议在4周内完成（4学时/周）。第一周为讲课部分（4学时），剩下三周为基于课题的项目实训（12学时），即学生按照课题要求完成个人设计项目，在实践中体会和学习，并在课堂上以小组形式进行讨论和阶段性成果分

享。期间，教师参与各小组的讨论并给出指导意见。建议设计实训的课内外时间比为1：1，包括课外时间总计24学时，实训部分建议时间分配如下。

· 4 学时：选定材料对象，研究材料的特性
· 8 学时：动手探索材料潜在的加工可能和处理方法
· 8 学时：设计机会的转化，开发材料在设计中的新应用
· 4 学时：对产品细节进行探究和整合

2. 案例分析

（1）设计师案例：Melt Down Chair

接下来要介绍的这个案例，来自伦敦的设计师Tom Price的系列作品。（图2-1）Tom Price毕业于英国皇家艺术学院，同时具有雕塑和设计的学习背景，因此他的作品也常常同时具有这两种专业背景的特质。他的作品被旧金山MOMA博物馆等世界知名博物馆收藏。

他进行设计创作的程序和方法通常就是基于材料创新的视角，力求探索我们身边那些熟悉的材料背后未被发掘的塑造潜力，并且通过设计和制造，让人们对这些早已习以为常的材料再次产生新奇感。

在他的设计程序中，常常就是从选定一个我们生活中常用的材料开始，比如说PP（聚丙烯）管材、PP绳材、PP片材，或是PE（聚乙烯）条纹布，又或是银质管材等。进而他会根据和利用材料的特性，通过不同的试验，开发各种相应的制作程序和制作工法，从而实现对原有材料应用的创新突破，并在最后对产品的细节进行控制和优化处理，以使产品在整体和细节上实现有机的统一。

下面要为大家介绍的这个具体案例就是他对用PP绳材进行家具创作的一次探索。（图2-2）

图 2-1 设计师用"融化"这个概念探索不同材料与产品设计的可能性 / Tom Price / 英国

这个设计之所以叫Melt Down Chair（融化椅）就是因为设计师在这个设计中主要探索的是PP型材遇热融化，进而又冷却成为一个新的形态的特性与因此所带来的设计机会。在工法探索的过程中，他首先利用的是绳材可以用来"缠绕"某一形体并进行"编织"的特性，在这个案例中他选用的是对一个充气的塑料气球（图2-3）进行缠绕和编织，（图2-4、图2-5）以此得到这个设计中的一个雏形——用PP绳索缠绕塑料气球并编织而成的球体。（图2-6）

图2-2　Melt Down Chair：PP Rope Blue / Tom Price / 英国 / 2007

图2-3　作为被缠绕的母体，泄气后可抽出的塑料气球 / Tom Price / 英国 / 2007

图2-4　设计师用挑选的蓝色PP绳子对塑料气球进行缠绕 / Tom Price / 英国 / 2007

图2-5　在缠绕的过程中同时进行编织 / Tom Price / 英国 / 2007

在此之后，内部填充的塑料气球被放气取走，完成了它在工法中的历史使命。（图2-7）随后设计师用一个金属的椅面作为模具并对其进行设置，使其能够被良好地进行加热。（图2-8、图2-9）在这一过程中，设计师开发了自己的工法程序、工具及其创造性的使用方法，这是一个在不断试验之后得到的优化结果。（图2-10至图2-12）

图 2-6　反复缠绕编织得到一个球体雏形 / Tom Price / 英国 / 2007

图 2-7　从球体中央取走气球 / Tom Price / 英国 / 2007

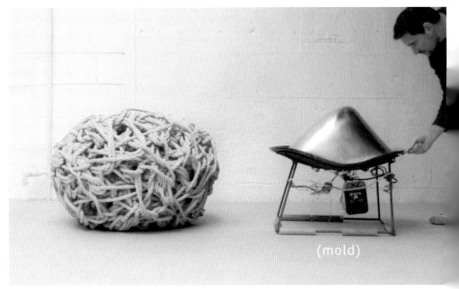

图 2-8　准备金属椅面模具 / Tom Price / 英国 / 2007

(mold)

图 2-9 对模具进行设置 / Tom Price / 英国 / 2007

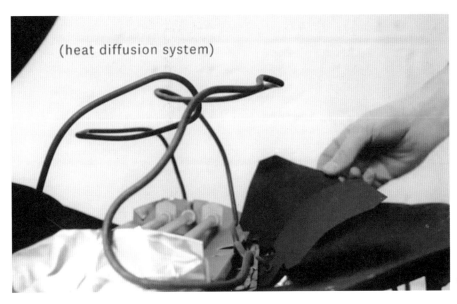

(heat diffusion system)

图 2-10 模具能够被均匀加热 / Tom Price / 英国 / 2007

PHASE 03
preparing the mold

图 2-11 找到合适的工法与工具 / Tom Price / 英国 / 2007

PHASE 03
preparing the mold

图 2-12　创造性地使用工具 / Tom Price / 英国 / 2007

随后的程序中，设计师将由PP绳材缠绕编织成型的雏形放置在加热到一定温度的金属座椅模具之上。再利用PP绳材遇到高温融化的材料特性，使压在模具上方的雏形逐渐向模具表面贴合，并在这一过程中将贴合面调整到适当角度。在完成所有程序后，将加热装置关停，使材料冷却成型。待材料完全冷却后，将雏形与模具分离，并获得产品原型。（图2-13至图2-19）

图 2-13　将雏形体型压在已经加热的金属座椅模具上 / Tom Price / 英国 / 2007

图 2-14 PP 材料遇到高温的金属模具开始融化 / Tom Price / 英国 / 2007

图 2-15 接触表面慢慢融化，雏形逐渐与金属座椅模具贴合 / Tom Price / 英国 / 2007

图 2-16 对座椅表面角度进行调整 / Tom Price / 英国 / 2007

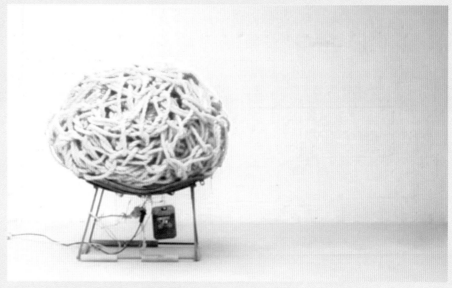

图 2-17　关停加热装置等待材料冷
却成型 / Tom Price / 英国 / 2007

图 2-18　冷却后将材料与模具分离 /
Tom Price / 英国 / 2007

图 2-19　产品原型 / Tom Price / 英
国 / 2007

到此，设计并未结束，接下来是对细节的完善。正如我们之前提到的，在基于材料视角的设计创新过程中，细节意味着在产品局部细微处以及产品零件、材料和结构连接处的理念与风格统一，即保证设计理念和设计风格在产品整体与局部设计处理的完整性和统一性。在本案例中，设计师再次通过"编织"这一基于材料特性的工法，对获得的产品原型表面添加更多的绳材，以对其整体大型进行优化。并在最后用烙印的方法在座椅背面烫上以其姓名组成的品牌标记。（图2-20至图2-22）

图 2-20　产品表面的大型与细节优化 / Tom Price / 英国 / 2007

图 2-21　烙印品牌标记 / Tom Price / 英国 / 2007

图 2-22　品牌标记与整体风格和工法统一 / Tom Price / 英国 / 2007

（2）学生作业案例：木隐

本设计案例为同济大学设计创意学院2014届产品设计专业学生沈璟亮的课题设计作品——木隐。此项设计荣获2015年红点奖。为他的成绩感到高兴的同时，也非常感谢沈璟亮同学对于本教材编写的热情支持。（图2-23）

该设计最主要的部分是四块经过特殊镂空的可弯曲木板。在设计过程中，主要利用木板本身的韧性，参考金属镂空弯曲技术，用部分镂空的方式来增加木板的柔软度以便弯曲。木板的镂空密度决定了它的柔软程度，在设计过程中，根据桌子不同位置弯曲角度和功能需要，进行多次材料和切割密度的测试，以达到最合适的弯折效果。镂空的图案在不同位置存在细微的密度变化，使木板在

图2-23　木-隐 / 沈璟亮 / 同济大学设计创意学院 / 2015

图2-24　从金属片材的加工工艺获取灵感 / 沈璟亮 / 同济大学设计创意学院 / 2015

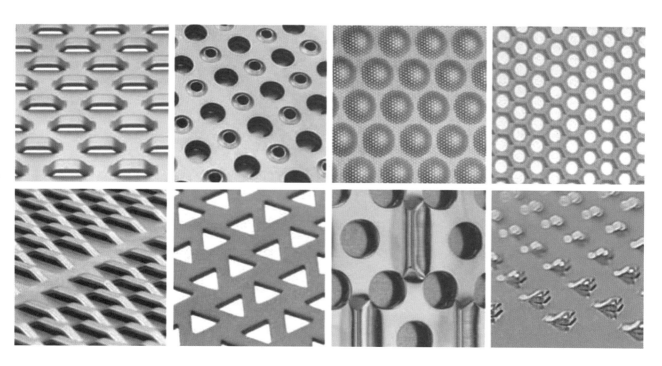

转角处坚固稳定，开合处柔韧有弹性，浑然天成地形成了支撑和柜门；再配合磁铁吸附弹出式开关，使用者轻按柜门后会微微弹开至最适宜拉握的角度，给予使用者流畅别致的开合体验。（图2-24至图2-26）

在整个过程中，设计师结合激光切割技术，对木板材的镂空加工及其相应的弯曲特性做了大量尝试和探索。首先是包括对木材的种类和厚度以及镂空切割的不同形状与排列等参数进行初步试验。（图2-27至图2-29）

图 2-25　模板局部切割镂空实现弯曲特性 / 沈璟亮 / 同济大学设计创意学院 / 2015

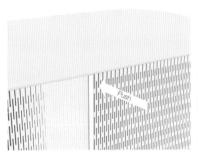

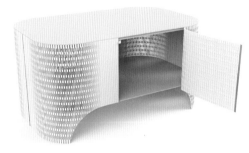

图 2-26　产品细节处理与整体设计理念统一 / 沈璟亮 / 同济大学设计创意学院 / 2015

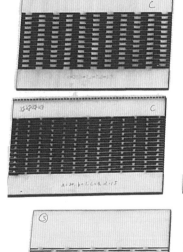
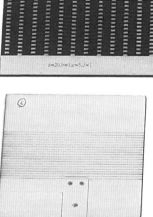
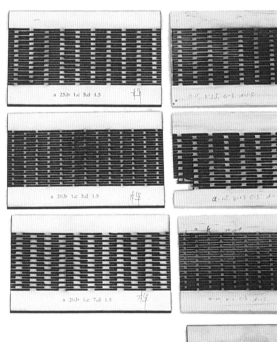

图 2-27　各种镂空切割试验 / 沈璟亮 / 同济大学设计创意学院 / 2015

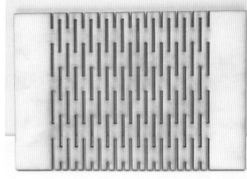
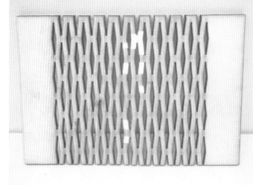
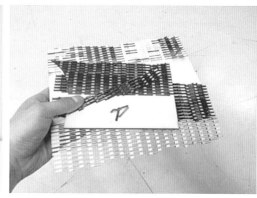

1. Acrly　　　8mm
2. Plywood　　5mm
3. Plywood　　5mm
4. Solid wood　6mm

图 2-28　对木材种类和厚度的初步试验 / 沈璟亮 / 同济大学设计创意学院 / 2015

1.Comparation
2.CNC rouned slots
3.4. Line of dashes
5. Rectangle slots

图 2-29　对镂空纹样和排列的初步试验 / 沈璟亮 / 同济大学设计创意学院 / 2015

在对加工参数对材料特性的影响有一个基本了解之后，又从以下两方面进一步展开对材料机会的探索。首先，选择最基础的纹样，对纹样的长（参数a）、宽（参数b）、横向间距（参数c）以及纵向间距（参数d）进行基于控制变量法的材料弯折性测试，并将结果进行记录和比较。（图2-30至图2-33）

PART 1

Influences of different factors by Control Variate Method

Experimental consideration :

Explore, a, b, c, d, four factors' influences on wood bending respectively

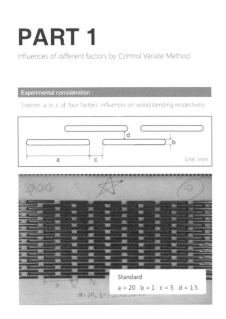

Method :

Keeping other factors same, change one factor to get three valuable samples, then make an intuitive comparison.

Experimental consideration and conclusion:

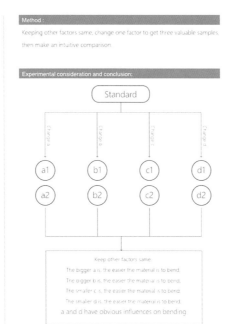

图 2-30　对 a、b、c、d 四个参数进行基于控制变量法的弯折特性测试（1）/ 沈璟亮 / 同济大学设计创意学院 / 2015

PART 1

Influences of different factors by Control Variate Method

GROUP a

Standard
a = 20　b = 1　c = 5　d = 1.5

Group a
a = 25　b = 1　c = 5　d = 1.5

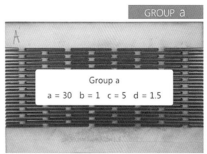

Group a
a = 30　b = 1　c = 5　d = 1.5

GROUP b

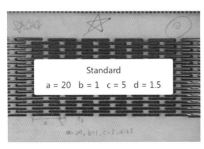

Standard
a = 20　b = 1　c = 5　d = 1.5

Group b
a = 20　b = 1.5　c = 5　d = 1.5

Group b
a = 20　b = 2　c = 5　d = 1.5

图 2-31　对 a、b、c、d 四个参数进行基于控制变量法的弯折特性测试（2）/ 沈璟亮 / 同济大学设计创意学院 / 2015

PART 1

Influences of different factors by Control Variate Method

GROUP c

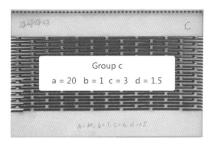

Group c
a = 20 b = 1 c = 3 d = 1.5

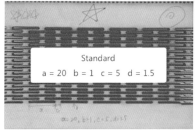

Standard
a = 20 b = 1 c = 5 d = 1.5

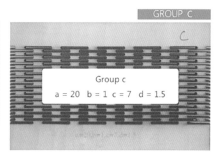

Group c
a = 20 b = 1 c = 7 d = 1.5

GROUP d

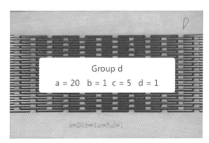

Group d
a = 20 b = 1 c = 5 d = 1

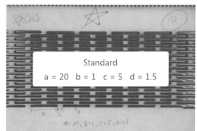

Standard
a = 20 b = 1 c = 5 d = 1.5

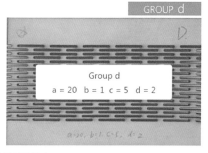

Group d
a = 20 b = 1 c = 5 d = 2

图 2-32　对 a、b、c、d 四个参数进行基于控制变量法的弯折特性测试（3）/ 沈璟亮 /
同济大学设计创意学院 / 2015

PART 2

Test of other woods

After knowing a lot about factor's influences about bending ability, we try a lot of parameters and evaluate them.

a = 30 b = 2 c = 6 d = 1.5　　　　★★★

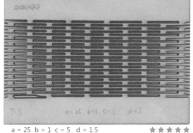

a = 25 b = 1 c = 5 d = 1.5　　　★★★★★

a = 25 b = 1.5 c = 5 d = 1.5　　★★★★

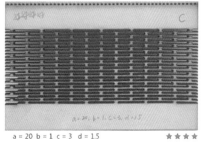

a = 20 b = 1 c = 3 d = 1.5　　　★★★★

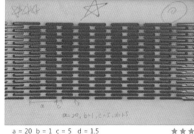

a = 20 b = 1 c = 5 d = 1.5　　　★★★

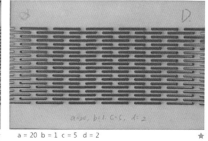

a = 20 b = 1 c = 5 d = 2　　　　★

图 2-33　对测试结果进行弯折性方面的比较 / 沈璟亮 / 同济大学设计创意学院 / 2015

接着，在基本掌握了四个参数的影响权重后，还要对不同种类的木材的弯折效果
进行尝试和比较，包括松木、桦木以及椴木多层板。（图2-34、图2-35）

PART 2

Test of other woods

After various of tests, we find some suitable parameters and we use them to test on other woods.

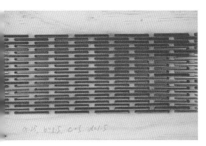

Pine 松木

Birch 桦木

图 2-34　对松木和桦木的测试 / 沈璟亮 / 同济大学设计创意学院 / 2015

PART 2

Test of other woods

Some tests of large scale.

a = 80　b = 6　c = 15　d = 2

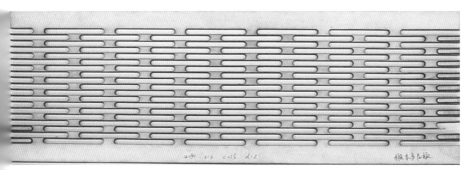

a = 80　b = 6　c = 15　d = 3

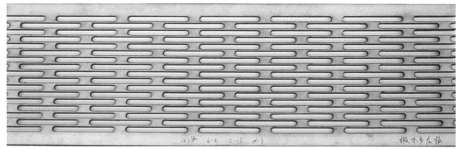

图 2-35　对椴木多层板的测试 / 沈璟亮 / 同济大学设计创意学院 / 2015

值得一提的是，该茶几作为一款平板化家具设计，由六块板材经过二维切割后组成，包装大小仅为90cm×60cm×4cm，不仅适合工业化批量生产，运输也非常方便，大大降低了生产和运输成本。设计时充分考虑了各部件之间的结合方式，通过常规的螺丝进行固定，令使用者能在10分钟之内根据说明完成组装。（图2-36）

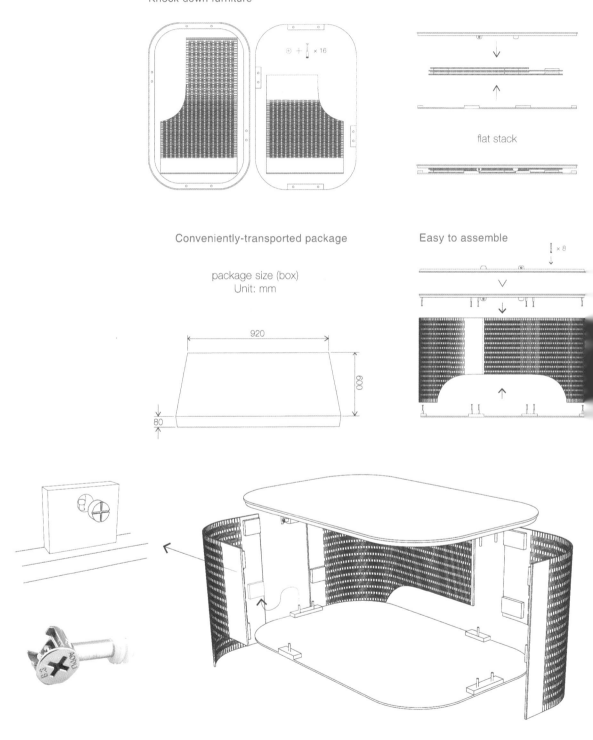

Knock-down furniture

flat stack

Conveniently-transported package

package size (box)
Unit: mm

Easy to assemble

图 2-36　通过对材料的创新设计实现立体家具的平板化包装，践行可持续的设计理念 /
沈璟亮 / 同济大学设计创意学院 / 2015

3. 知识要点及设计程序

（1）起：材料特性

材料是设计的物质起点，任何设计都需要通过材料来实现。设计的过程很大程度上也是设计师对材料特性与造型可能的探索、理解、掌握、应用和创新的过程。在材料视角下的设计过程是一个实践性很强和"边尝试边设计"的过程，而设计师对材料特性的了解和认知便是这一过程的起点。在本课题中，要求大家从对材料特性的研究和发掘入手进行设计实训，主要从材料的物质特性和材料的体验特性两方面来看。

材料的物质特性主要是材料的物理化学特性和工艺特性。材料的物理化学特性包括：材料的强度、密度、颜色、质感、防火性、防水性、透气性、力学性、导热导电性、电磁性、光学性能和防腐蚀性以及材料的其他各种参数（阈值）等（表2-1）。材料的工艺特性则主要包括：材料在获取和加工时的类型，例如板材、型材、膜材、块状、粉状、颗粒状等及其相对应的生产制造工艺和成型方法、材料的成型加工制作流程等。（图2-37）

表 2-1 竹材各种力学强度参考表（单位 MPa）

课题	顺纹					横纹			横纹挤压		
	抗拉	抗压	挤压	径向抗压	劈裂	径向抗压	弦向抗压	抗弯	切向	径向内边	径向外边
强度	150	65	59	11.5	2.3	10.6	20	1157	22.6	154	22.8

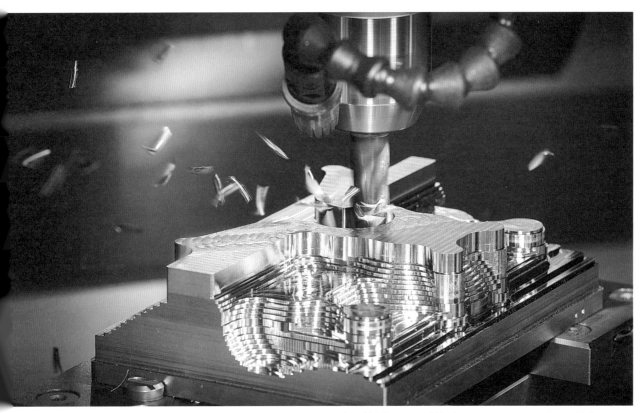

图 2-37 金属块料的 CNC 数控加工 / Metal Profi 公司 / 捷克 / 2016

材料除物质特性之外包含丰富而综合的体验特性，材料的体验特性主要指的是材料给人带来的体验可能性及其品质，包括材料给人的感觉和印象，人对材料刺激的主观感受，人的感觉系统因生理刺激对材料作出的反应或由人的知觉系统从材料的表面特征得出的信息等。在这里不同的体验特性主要可以被大致分为四类，即：生理的、情感的、认知的和交互的。生理的体验是材料给人的感官系统所带来的最直接刺激，如颜色、气味、触感等；情感的体验是人在受到材料的生理刺激后最直接的情感反应，如喜欢、厌恶、害怕、纠结、好奇等；认知的体验是材料之于人们的某种经验上的关联，例如我们常常会在摸到类似绒线这种材料的时候想起母亲；而交互的体验则往往是指因为材料的特质所引发的人们在行为上的可能或倾向，例如特别光滑或是粗糙的表面都有可能会让人有想要去抚摸的冲动，网购包装常会用到的气泡布常常会让有些人的手"根本停不下来"。（图2-38、图2-39）

图 2-38　铝箔材料，不仅具有视觉上的特点，同时甚至会有触觉和听觉上的联觉

图 2-39　气泡布因为其物质特性会对人的行为产生一定的诱导影响

（2）承：工法上手

本知识点中的"工法"主要指以材料加工为对象，经过实践探索而形成的工艺方法。"上手"则指的是"动手"和"逐渐掌握"。本环节要求通过各种方法对材料的特性进行测试和实验，例如对材料的观察、触摸、弯折、切割、碾压、敲击、浸泡、加温、冷冻等各种试验，探索材料在物质特性和体验特性上的潜在可能性和设计机会，将材料试验、灵感激发和机会映射同步进行。

在这一环节中，非常值得强调的是"动手做"和"想象力"。如果说上一个知识点主要是对材料特性"是什么"的探索和定位的话，那么在本环节中则主要是对材料特性"可以怎么样"或"能够做什么"的头脑风暴和动手试验，并将经验加以积累，形成一定的工法。

在这一过程中，延续上一知识点，我们主要需要考虑的是在材料特性的研究中，材料的哪些属性非常具有特点或识别度——无论是物质特性还是体验特性——并且这样的特点值得并且有机会在产品设计过程中进行特殊运用或是强调？例如：竹子的韧性非常具有特点，这样的韧性在形式上会带来一种视觉上的"张力"，而用在结构上则还具有"弹性"和"支撑性"，像这样的材料特点就很有识别度也很有机会在产品的设计过程中进行重点运用或强调。所以如果沿着这一思路，就可以针对性地对竹材的"弹性"形式、其局限和极限展开各种动手试验。并且在这一过程中，慢慢掌握控制和利用这一材料特性的一系列加工方法，这些工法可以是传统既有的，也可以是具有一定实验性的。（图2-40）

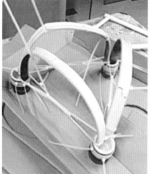

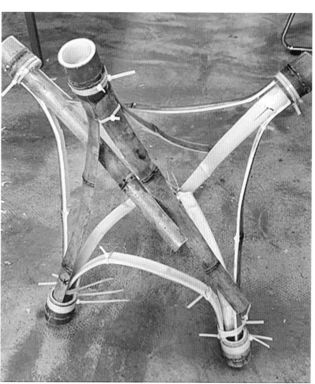

图 2-40　对竹材柔韧性的动手探索 / 学生：凌希，指导教师：莫娇 / 同济大学设计创意学院 / 2016

（3）转：应用突破

在了解并动手实验了材料的各种可能性之后，需要将设计机会进行转化。在本环节，需要着重开发材料特性的新的应用可能。基于这样的要求，可以从如下三个问题着手进行探索。

一是材料的哪些原有特性具有新应用的可能性。还是以竹材的韧性为例。在材料的动手实验中或许会发现竹材的这种韧性在产品中可能被转化为一种结构上的"弹性"或是一种"有限移动+复位"的特性。因此可以进而思考什么样的产品或是产品结构可以利用到这样的特性，并且之前没有人或案例进行过类似的应用，进而开发出新的设计机会。并且在这种基于材料新应用的设计机会的转化过程中，还要考虑基于这样的应用需要对设计、结构或工艺做怎样的相应创新和探索。（图2-41）

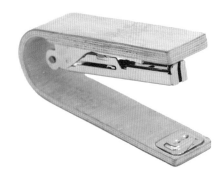

图2-41　竹皮胶合与竹材料的韧性应用 / 学生：吴亨贝、指导教师：莫娇 / 同济大学设计创意学院 / 2013

图2-42　竹材料连接的细节设计 / 学生：凌希，指导教师：莫娇 / 同济大学设计创意学院 / 2016

图2-43　可丽耐材料的数控肌理加工，结合参数化设计和各类造型刀头探索（此案例最终使用半球刀）铣切 / 学生：杨兆斌，指导教师：莫娇 / 同济大学设计创意学院 / 2015

二是在对材料进行各种动手试验的过程中，是否发现了材料的新加工工艺或是新处理方法的可能性，从而带来材料潜在特性的新应用机会。如前文学生案例中，设计师通过对木板材CNC网纹加工的深入试验，发现了因此种加工方法所带来的板材冷弯折的可能性和装饰性效果，进而根据此发现和进一步的试验比较，完成了一套应用木板材CNC网纹切割，实现茶几设计对于自组装的可能性，从而使用户可以在到货后自行弯折和装配。这个设计利用传统木质板材，通过对CNC网纹切割的不断探索，将装饰性效果、木板材冷弯和用户自组装的设计机会有机整合，进而实现了木质板材应用的设计创新。

三是在材料特性的新应用背后，是否倡导了一种可持续的设计理念。正如我们在第一章的设计原则中所提到，基于可持续的理念开展产品设计应当是设计师们不断探索和追求的设计原则之一。而在这一指导原则下，基于材料的设计创新就是一个最直接的触点和突破口。仍以用户自组装的板材弯折茶几设计为例，设计师通过材料探索的创新应用，使得产品在运输时可以按照板材包装，实现了三维产品在运输过程中的扁平化，这将大大提高产品在包装运输环节的效率，更合理地配置和利用运输资源。

（4）合：细节自洽

本环节中细节自洽具体指：产品造型与材料工艺的关系在产品局部细微处以及产品零件、材料和结构连接处的理念与风格统一，即保证设计理念和设计风格在产品整体与局部设计处理中的完整性和统一性。如图2-42所示，结合设计中对于竹材柔韧性的应用，采用捆绑方式的细节处理既符合整体上对于"张力应用"的设计理念，同时也在细部增添了产品的看点与个性。

图2-43展示的设计作品中，学生通过对可丽耐材料表面肌理的数控加工探索，结合参数化设计和各类铣切刀头的造型尝试，实现了可丽耐板材的创新应用，并且在光滑表面与肌理表面的过渡细节上，有意将其处理为有机的、非几何的方式，在暗合有机肌理表面处理的同时，增加了产品的个性。

第二节 课题2：原型视角与产品设计

在第一章中我们已经介绍了基于原型的设计视角，属于产品设计范畴定义中"商业的价值"这一方向。大多数情况下，商业价值仍旧是当下产品设计的本质动力，而立新求异是一种基本的手段和诉求。每个企业都希望能够创造出有别于竞争对手的新产品。有的"新"可以是更新的、递进的；有的"新"则可以是颠覆性和打破常规的。在后一种诉求下，产品设计该如何开展？基于原型的视角，将为这个方向的设计程序和方法提供一种思路。接下来，我们将从原型的视角出发，结合设计程序中的起、承、转、合，展开本课程的第二个设计实训。并且在课题推进过程中，依次讲解对应的四个重要知识点：原型概念、工作原理、方式革新和语义可读。

1. 课题要求

（1）课题内容

选择某一种小型电动工具或家用电器，如电动螺丝起、手持式砂轮机、家用电钻、电动打蛋器、电熨斗或电动牙刷等，结合使用方式、机械与电子结构等，分析其现有产品原型特征与工作原理。基于产品的工作原理和使用方式，提出全新的产品原型方案，优化产品的使用体验。通过对产品语义的探讨，实现产品原型的创新整合，使产品兼具"颠覆性"和"可读性"。

（2）训练目的

- 理解并掌握产品原型的概念
- 理解产品原型与产品工作原理的关系
- 掌握基于原型视角的产品设计程序和方法

（3）知识点

- 起：原型概念
- 承：工作原理
- 转：方式革新
- 合：语义可读

（4）重点难点

- 打破原有产品原型的颠覆性创新
- 让"陌生"的产品方便好用

（5）作业要求

按照课题布置的内容，依次完成原型视角下产品设计的"起、承、转、合"及相应的知识点训练，完成至少一个设计方案。最终提交包含设计方案与设计过程的学习报告。作业评价要求包括对所选产品的原型分析和工作原理分析与表达，对现有使用痛点的定位，以及原型创新后的产品优势与产品语义处理。

（6）课时建议（包括课外时间）

本课题建议在4周内完成（4学时/周）。第一周为讲课部分（4学时），剩下三周为基于课题的项目实训（12学时），即学生按照课题要求完成个人设计

项目，在实践探索中体会学习，并在课堂上以小组形式进行讨论和阶段性成果分享。期间，教师参与各小组的讨论并给出指导意见。建议设计实训的课内外时间比为1：1，包括课外时间总计24学时。实训部分建议时间分配如下。

· 4 学时　选定设计对象，研究其产品原型及工作原理
· 4 学时　结合工作原理，对产品的使用方式进行深入研究
· 8 学时　从使用方式革新的角度，定位产品原型创新的机会
· 8 学时　产品语义的推敲与深化

2. 案例分析

（1）设计师案例：Dyson干手器

纵观当今世界优秀的以产品设计著称的公司中——如美国的苹果（Apple）公司，或是英国的戴森（Dyson）公司等——在突破产品原型进行产品设计的创新方面，都有着不少经典的设计案例。例如苹果开拓性的iPod随身音乐播放器（我们在第三章的案例赏析中将会详细分析），或是在第一章中我们曾介绍过的Dyson公司推出的无叶电扇接下来我们将要介绍的同样来自戴森公司的干手器等，都是对原有同类产品的原型进行成功革新的优秀案例。

使Dyson公司成功崛起的是它对家用吸尘器的突破性改进，设计出无需集尘袋的强力吸尘器系列，其核心是对原有吸尘器技术和使用方式的创新突破。在此之后，Dyson公司又成功推出了不少同样具有突破创新意义的产品，在2006年首度推出的Dyson快速干手器就是有一款颠覆原有产品原型的创新之作。（图2-44、图2-45）

图 2-44　Dyson 推出的首款"双气旋"吸尘器 / Dyson / 英国 / 1993

图 2-45　Dyson 推出的 Airblade 干手器 / Dyson / 英国 / 2006

在Dyson推出快速干手器之前，市面上的绝大多数干手器都采用的是向下吹风的方式，并且为了效果大部分都能吹热风，那些标榜快速高效干手的产品则往往伴随着"过硬"的风力、温度和噪音。（图2-46）Dyson的快速干手器并没有陷入同类产品的"设计红海"，而是在工作原理和使用方式上进行了突破，采用横向侧出风的方式，并且人在使用时双手由下往上滑动，而不是传统干手器使用方式下的双手平举靠向干手器下方的出风口。这样的使用方式的改变，突破了手只能被"吹干"或"烘干"的局限，而是用一种通过气帘将水从手上"刮干"的方式，使得Dyson突破了干手器的传统原型，从而开发出有别于市场现有竞争者的全新产品，并且也因此取得了良好的商业回报，成为了全球干手器市场异军突起的领军品牌。（图2-47、图2-48）

图 2-46 传统原型概念下的干手器 / 佚名

图 2-47 Dyson 干手器通过气帘将水刮落 / Dyson / 英国 / 2006

图 2-48 DysonAirblade 颠覆了传统干手器的原型概念 / Dyson / 英国 / 2006

Dyson干手器的成功背后，不可否认有着强有力的技术支撑。但从设计的角度来看，Dyson不局限于现有产品的原型约束，而是从本质上来思考什么才是一件更好用的产品，从而实现对产品使用方式的创新突破，创造出前所未有的全新产品，这也是这款产品如此成功的重要原因。（图2-49）

（2）学生案例：曲线锯创新设计

以下将以同济大学设计创意学院2014届产品设计方向黄恺宇同学的毕业设计——曲线锯创新设计为例来进行讲解。此项毕设课题的校外导师为时任齐思工业设计咨询（上海）有限公司（Teams Design）创意总监顾熠琳先生，在此谨向他本人和齐思公司表示感谢，同时也感谢黄恺宇同学对于本教材编写的热情支持。（图2-50）

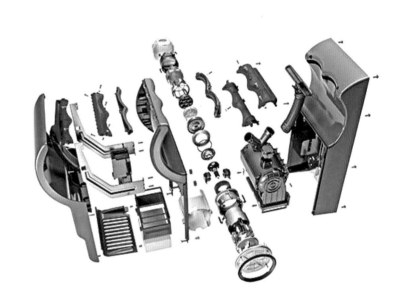

图 2-49 DysonAirblade 干手器的产品结构 / Dyson / 英国 / 2006

图 2-50 曲线锯创新设计 / 黄恺宇 / 同济大学设计创意学院 / 2014

设计师首先从对不同类型和品牌曲线锯的产品原型及其本质特征的分析着手，进而对曲线锯的内部结构和工作原理进行剖析，接着对其使用情境和使用方式进行研究，分析现有曲线锯操作方式下的痛点及其问题。（图2-51至图2-54）

图 2-51　对曲线锯产品的原型及其特征进行分析 / 黄恺宇 / 同济大学设计创意学院 / 2014

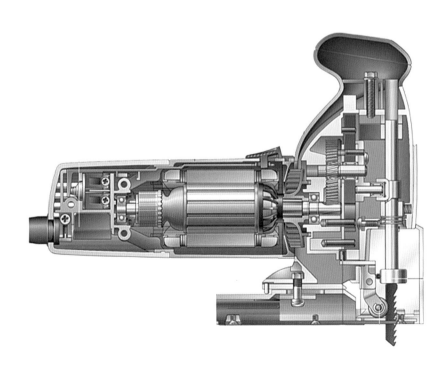

图 2-52　曲线锯的内部结构 / 黄恺宇 / 同济大学设计创意学院 / 2014

图 2-53 现有曲线锯的使用方式 / 黄恺宇 / 同济大学设计创意学院 / 2014

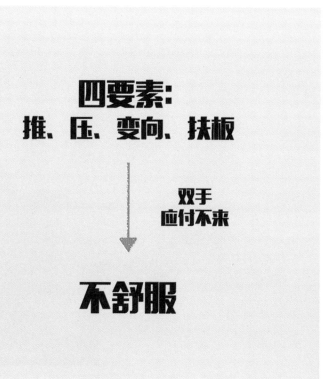

图 2-54 现有曲线锯使用方式下的痛点与问题 / 黄恺宇 / 同济大学设计创意学院 / 2014

在提出了全新的产品操作方式概念后，设计师对产品的新概念原型进行了大量的草图发想，并结合各种草模方式对设计方案进行深入的探讨。（图2-56、图2-57）

全新的操作方式

腕托

"推" "压" "变向" 结合
手臂代替手腕

图 2-55　基于原有使用痛点提出全新产品操作方式 / 黄恺宇 / 同济大学设计创意学院 / 2014

图 2-56　通过草图对全新操作方式下的新概念产品原型进行发想 / 黄恺宇 / 同济大学设计创意学院 / 2014

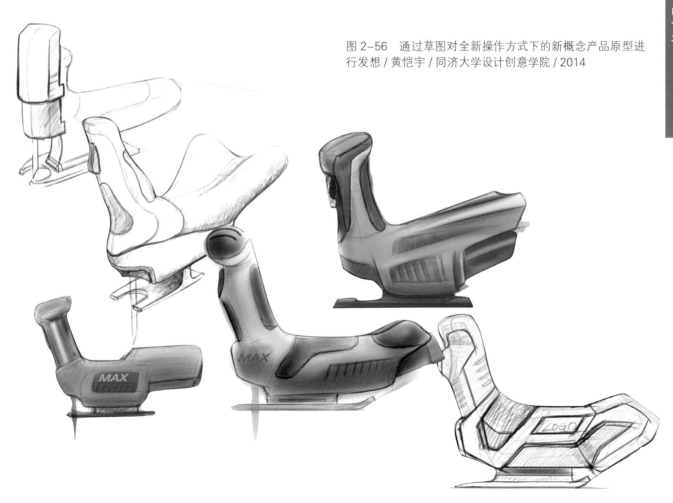

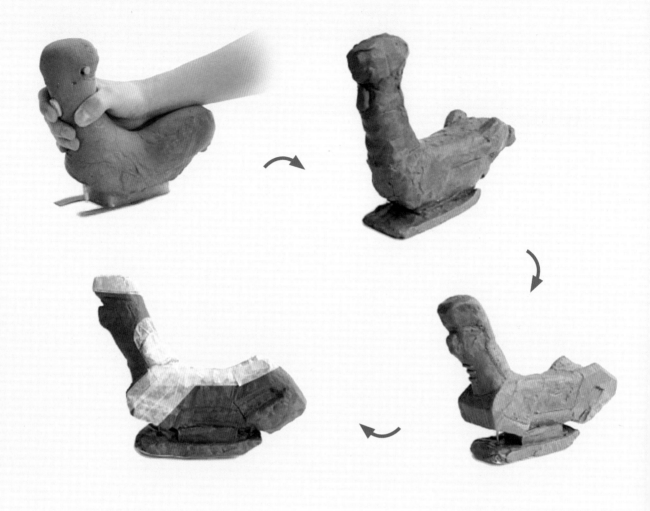

图 2-57　结合草模对概念发想进行同步探讨和验证 / 黄恺
宇 / 同济大学设计创意学院 / 2014

大量草图与草模的探讨和对设计方案的迭代优化，是产品设计过程中非常重要
的环节。此过程也是设计师不断发掘并优化产品在新的原型设计方案下，与原
有产品原型的相对优势和改进之处的过程。最后，设计师对设计方案进行3D
建模，完善设计细节与色彩、材质和表面处理（CMF）方案；进而制作1：1
的产品实物原型，以展示并验证最终的设计成果。因为是对产品原型的全新打
造，在验证与展示过程中尤为强调新旧原型之间的前后对比。除此之外，设计
师根据新产品原型的设计理念和特点，对产品语义的细节设计进行充分考量。
（图2-58至图2-68）

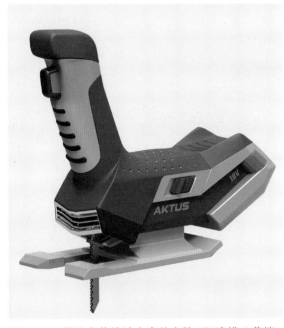

图 2-58　最终完整设计方案的电脑 3D 建模 / 黄恺宇 / 同济大学设计创意学院 / 2014

图 2-59　根据 3D 建模制作 1∶1 产品原型，以进行方案展示与验证（使用方式 1）/ 黄恺宇 / 同济大学设计创意学院 / 2014

图 2-60　根据 3D 建模制作 1∶1 产品原型，以进行方案展示与验证（使用方式 2）/ 黄恺宇 / 同济大学设计创意学院 / 2014

不同的加工情境

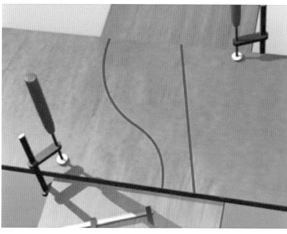

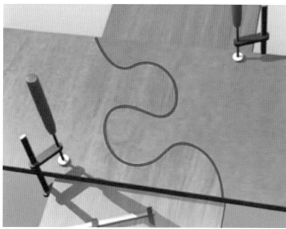

图 2-61　两种使用方式以应对不同的加工情境 / 黄恺宇 / 同济大学设计创意学院 / 2014

BEFORE

单手

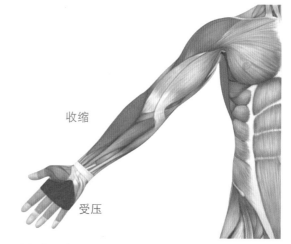

收缩

受压

图 2-62　对操控性和稳定性的前后对比（前）/ 黄恺宇 / 同济大学设计创意学院 / 2014

AFTER

手+手臂

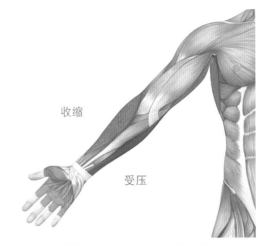

收缩

受压

图 2-63　对操控性和稳定性的前后对比（后）/ 黄恺宇 / 同济大学设计创意学院 / 2014

BEFORE　　　　　　　　　**AFTER**

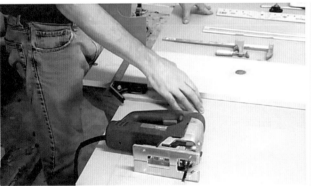

图 2-64　关于放置问题的前后对比 / 黄恺宇 / 同济大学设计创意学院 / 2014

BEFORE　　　　　　　　　**AFTER**

图 2-65　关于锯片过热和视线干扰问题的前后对比 / 黄恺宇 / 同济大学设计创意学院 / 2014

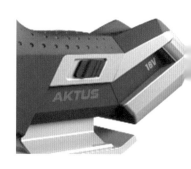

图 2-66　针对两种使用方式的双开关设计 / 黄恺宇 / 同济大学设计创意学院 / 2014

电池顺势拉出　　　　　　　　　　　　　　　　　　**指示灯**

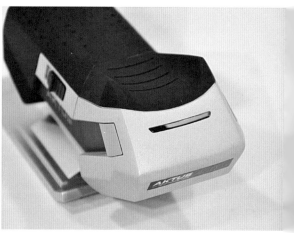

图 2-67　电池模块的细节设计 / 黄恺宇 / 同济大学设计创意学院 / 2014

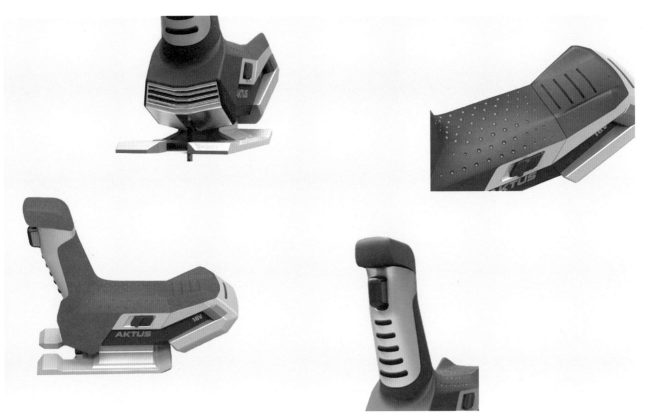

图 2-68　与人体接触部分的细节设计 / 黄恺宇 /
同济大学设计创意学院 / 2014

图 2-69　最终产品海报 / 黄恺宇 /
同济大学设计创意学院 / 2014

3. 知识要点及设计程序

（1）起：原型概念

关于"原型"这一概念，解释众多，除了设计学会涉及"原型"这一概念外，还有心理学方面的解释，有文学方面的解释，甚至会有生物学方面的解释。在设计学中，也有不少对于原型概念的不同解释，包括来自产品设计、交互设计、平面设计等方向。

"原型"这个词从概念出处上来讲，主要还是来自西方，英文单词为Archetype。产品设计中的"原型"这一概念的出处，最早可以追溯到柏拉图时期。柏拉图在其哲学中使用了Archetype这个词来指代一件物品最本质特征的纯粹形式。所以简单讲，"原型"可以理解为表示一个物品最本质特征的最简化形式，或者说是一种高度抽象的视觉模型。因为是物品"本质特征"的"抽象模型"，所以也可以说原型应当具有较强的普遍共识。如我们在马路上找一百个人，假设要用图形来和访问地球的外星人朋友进行交流，请他们在最短的时间内用一个视觉图形来表述一件地球上的物品概念——比如说告诉外星人什么是"一把椅子"，相信很大程度上大多数人会用图2-70这个图形，或者至少是非常类似的图形来表述。而这样概念化且具有高度共识的视觉形式，我们就可以将其称之为"椅子的原型"。也就是在人们的认知中，对于"一把椅子"的原型概念。

同样的道理，事实上在我们的生活中，我们对各种各样的产品都会有一个基本的原型概念。比如吊扇、马克杯、台灯、马桶、鼠标、牙刷等，在看到这些物品名词的时候，相信大家都或多或少有"画面感"出现，简单理解的话那些"画面"就是我们脑中对于这些物品的原型概念。

（2）承：工作原理

从一个产品的原型概念出发，我们能最直接了解的除了产品的概念形态之外，就是产品所提供的功能可供性以及其背后的工作原理。仍旧是以"椅子的原型"为例，我们可以看到：一把椅子的原型是由四条腿支撑一个座面以及一个靠背所组成，其工作原理即是由椅腿的高度提供坐高，由座面提供对臀部的支撑，由与座面成一定角度的靠背提供对背部的支撑。

也是同样的道理，如果对我们生活中的各种产品进行原型的提取，就不难发现并获取它们在形式上的本质特征及其背后的产品工作原理。所以产品的原型特征和其工作原理是一种耦合的关系，即两者之间是相互作用和相互影响的关系。产品的原型很大程度上反映并支撑着产品的工作原理，而同时产品的工作原理也对产品的原型构成起着决定性的作用。同时，产品的工作原理也与产品的使用方式密切相关。产品的原型、产品的工作原理以及产品的使用方式之间，是一种相互影响的关系，改变其中任何一点，都会对其余两者产生相应的影响。

图2-70 椅子的原型概念

（3）转：方式革新

无论是对产品原型概念的导入，还是对与原型概念相对应的产品工作原理的理解，其根本目的是要"追根溯源"，就是从本质上明白这个产品究竟要拿来干什么，其所要达到的根本目的及相应的使用方式是怎样的。因为任何产品原型的出现都不是凭空而造的，而实际上都是为了其背后所要实现和满足的本质目的。

此处，有必要简单介绍一下我国工业设计学科的开拓者柳冠中先生的"设计事理学"理论。柳先生认为，在设计一件物品时，设计师脑中不应该只想着那个设计对象，比如说"我要设计一个杯子"或是"我要设计一台洗衣机"；而是要更多考虑产品所要实现或达到的根本目的是什么——即完成一件怎样的任务。他常举的例子如，杯子的存在是为了储水和供人饮用，而洗衣机则是为了清洗脏衣服。因此，柳先生提出：作为设计师，在设计过程中应当更多考虑的是"动词"而不是"名词"，因为只有那些动词才是设计所要处理的本质目的，即杯子是为了"储水与喝水"，而洗衣机则是为了"清洗"。对动词的设计与创新，即是对产品使用方式的设计与创新，要远比名词视角下，即在一个相对局限的现有产品原型视角下的设计，更有突破性和创新意义。之前提到的戴森干手器的设计案例，就是抓住了产品所要服务的本质目的——干手，而没有被吹干和烘干这样的方式所局限，从而创造性地提出了用气帘将手"刮"干的新方式，进而设计开发了全新的干手器原型，并大获成功。

因此，在这一知识点中，要求同学们从产品使用方式的角度进行创想和头脑风暴，多从"动词"的角度去发散，通过草图和草模相结合的方法，提出并验证有别于现有使用方式的设计方案，实现对产品使用方式的革新，进而完成新的产品原型设计。

（4）合：语义可读

接着上一个知识点，通过对产品使用方式的革新，会为产品原型的突破带来更大的可能。由此而来的是对原有产品原型概念的"颠覆"和对新的产品原型的"开发与构建"。正因为是"颠覆性"的，使用者对原有产品的认识、期待甚至是使用时的交互行为都可能会发生相应的改变，因此，作为设计师必须认识到在新产品原型带来惊喜的同时，原有使用方式的改变也可能为使用者带来一种陌生感。在这样的情况下，对于新产品原型的形态语义的设计就显得尤为重要，目标是要让产品在新的原型下仍旧保持一种"可读性"，使其便于理解、便于使用。

关于产品语义，也有必要在此做一简单介绍。所谓语义（Semantic），顾名思义，即语言的含义、意义。"产品语义"这一概念正式提出于1984年，由美国宾夕法尼亚大学教授克拉斯·克利本道夫（Klaus Krippendorff）和俄亥俄州立大学教授莱因哈特·布特（Reinhart Butter）提出，将语言学和符号学中相关理论正式引入产品设计学的发展中。产品语义学的本质，是通过产品外在视觉形态的设计，揭示或暗示产品的工作原理与使用方式，使产品功能明确化，使人机界面单纯、易于理解，从而解除使用者对于产品操作上的理解困惑，以更加明确的视觉形象和更具有象征意义的形态设计，达到人与产品在使用和交互的和谐顺畅。

仍以前面的戴森干手器和电动曲线锯的两个设计为例：在戴森干手器的设计中，虽然产品大胆创新，一改原有干手器的产品原型，但戴森的产品因为其出色的产品语义，使人在使用过程中非但不会不知所措，反而会感到更加方便自然——这其中包括两个波浪弧形对手部放置位置的暗示以及蓝色部件区域对产品核心功能区块的暗示。（图2-71）

在曲线锯的设计案例中，设计师提出了以手臂施压代替掌握施压的新的使用方式，并在新原型的设计方案中，通过用"手柄"和按键位置的组合、软胶在产品表面分割与覆盖的部位、软胶表面的肌理分布以及产品尾端的挡翼等细节上的语义设计，对产品的握持部位与操作方式提供了有效的引导和暗示，为新的产品原型更好地服务于人的使用提供了产品语义层面的支撑与保障。

图 2-71　戴森干手器的设计细节及其产品语义 / Dyson / 英国 / 2006

第三节 课题3：情境视角与产品设计

基于情境的设计视角，属于产品设计范畴定义中"与人的关系"这一方向。产品设计不仅和物质的构建、商业的价值有关，产品设计更应该是以人为中心的。人是产品设计的服务对象，设计应当注重围绕人的行为、情感和体验展开，应当面向真实的生活场景和使用情境。在这一视角下，产品设计应当非常注重人的生理和心理特点，要求设计应当符合人的行为习惯、生活方式、文化语境等，并且产品在使用过程中应当给予用户良好的体验。在这一层面，考虑并沉浸到人们使用产品时的真实情境就显得十分重要。接下来，我们将从情境的视角出发，结合设计程序中的起、承、转、合，展开本课程的第三个也是最后一个设计实训；并且在课题推进过程中依次讲解对应的四个重要知识点：使用情境、体验历程、机会锁定和触点强化。

1. 课题要求

（1）课题内容

以某一类户外（运动/旅行）产品为设计对象，例如登山背包、野营帐篷、户外用灯具或户外饮食用具等，从使用情境入手，以用户的使用体验为核心，利用体验历程图的方法对用户的产品使用体验进行调研、梳理与传达，解析并定位产品使用体验的痛点与对应的设计机会，实现目标产品的创新设计。

（2）训练目的

- 理解并掌握以用户为中心的设计理念和原则
- 掌握基于情境视角的产品设计程序和方法

（3）知识点

- 起：使用情境
- 承：体验历程
- 转：机会锁定
- 合：触点强化

（4）重点难点

- 移情并沉浸到真实的使用情境中
- 对用户体验调研信息的梳理与传达
- 根据调研发现问题，定位并开发潜在的设计机会

（5）作业要求

按照课题布置的内容，依次完成情境视角下产品设计的"起、承、转、合"及相应的知识点训练，完成至少一个设计方案。最终提交包含设计方案与设计过程的学习报告。作业评价要求包括对使用情境的沉浸式调研与完整描述，对用户体验历程的梳理与传达，对潜在设计机会的明晰定位及对产品触点的细节推敲。

（6）时间要求（包括课外时间）

本课题建议在4周内完成（4学时/周）。第一周为讲课部分（4学时），剩下三周为基于课题的项目实训（12学时），即学生按照课题要求完成个人设计项目，在实践探索中体会和学习，并在课堂上以小组形式进行讨论和阶段性成果分享。期间，教师参与各小组的讨论并给出指导意见。建议设计实训的课内外时间比为1：1，包括课外时间总计24学时，实训部分建议的时间分配如下。

- 4 学时　选定设计对象，了解使用情境
- 8 学时　沉浸式调研，绘制用户体验历程图
- 8 学时　解析用户历程中的体验痛点，锁定潜在的设计机会
- 4 学时　对产品触点进行深化和推敲

2. 案例分析

（1）设计师案例：Node椅

随着时代的变化，现代学习的特点不仅仅再是单纯的老师在台上讲，学生在台下听的模式。研究表明：在互动积极的状态下，学习的效果会更好。单一的授课模式已经成为历史，如今的教育工作者正采用多种教学方法来支持多种学习方式。因此在这种新的学习范式下，需要的是更活跃的学习气氛，更灵活的学习空间和更主动的学习方式。有着百年历史的美国品牌Steelcase，是全球著名的办公家具和办公空间解决方案的供应商。2010年，Steelcase与著名设计咨询公司IDEO合作，根据新时代下新的多元学习情境、模式与需求，联合开发了能适应现代学习新范式的Node椅。（图2-72）

图 2-72　Node：基于"主动学习（active learning）"情境的座椅设计 / Steel Case 公司 / 美国 / 2010

在设计初期针对学习情境的调研中，设计师发现很多局促的、静态的、为单向被动的学习模式设计的教学空间：例如课桌和座椅一排紧挨着一排，让人既不能移动也不能互动；教师被困在教室前面，几乎很难和学生进行根据不同个体的针对性的交流机会。而另一方面，学生渴望一个支持主动学习的环境——他们对教室比以前多出了很多期望。除了传统常见的讲座式的学习方式，他们希望课堂的环境可以灵活支持共同学习、共同创造，例如集体讨论，或是工作坊式的小组讨论。在鼓励主动学习的教学范式下，有时候在一堂课内，多种学习形式还会需要快速切换。（图2-73至图2-75）

图 2-73　集体讨论型的学习情境和课堂环境 / Steel Case 公司 / 美国 / 2010

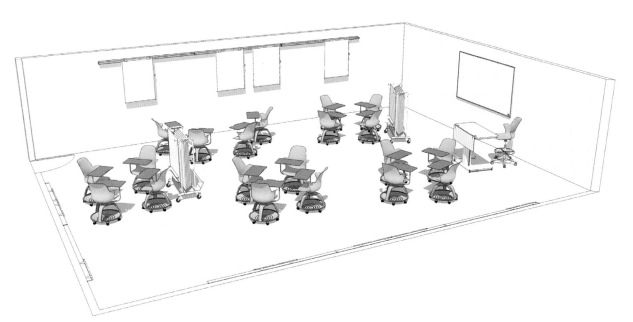

图 2-74　小组讨论型的学习情境和课堂环境 / Steel Case 公司 / 美国 / 2010

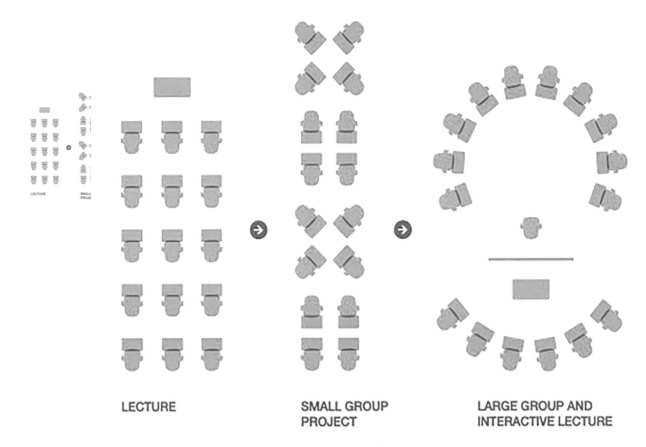

LECTURE

SMALL GROUP
PROJECT

LARGE GROUP AND
INTERACTIVE LECTURE

图 2-75 对不同学习情境和教学环境的切换需求 / Steel Case 公司 / 美国 / 2010

基于对主动学习情境的调研发现，设计团队提出"任何空间皆可成为学习之所
（every space is a learning space）"。根据这样的定位，学习者需要能
在最小环境中整合自己所有的与学习相关的需求：包括随时可以查找的书本，
讨论书写用的工具，补充体力需要用到的水等；并且在不同的学习场景中都
可以快速适应并投入学习。IDEO的设计师根据这一设计定位，进行了设计方
案的发想和探索并最终成功设计了能够适应不同学习模式和情境的Node椅。
（图2-76至图2-78）

根据对使用情景的分析和设计机会的定位，Node被定义为一个学习微型站来
设计，它需要满足之前提到的所有的一切需要，包括基本的座椅功能、书写平
面、便于移动以及学习者随身物品的储放，例如书包、书本和水杯等。最终
Node采用了模块化的设计，使其得以更灵活地适应并满足不同人群、不同学
习模式和不同学习情境的需求。（图2-79、图2-80）

图 2-76　设计师通过草图发想并探讨设计方案 1 / Thomas Overthun / 美国 / 2010

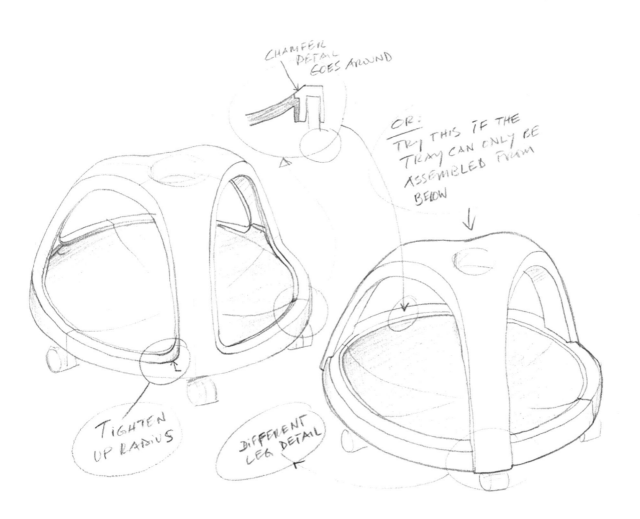

图 2-77　设计师通过草图发想并探讨设计方案 2 / Thomas Overthun / 美国 / 2010

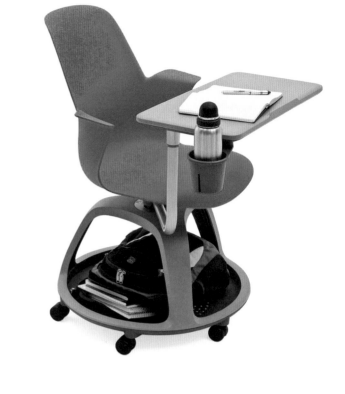

图 2-78　为学习者在一个微小空间内纳入所有需求的 Node 椅 / Steelcase 公司 / 美国 / 2010

图 2-79　Node 椅的模块化设计 / Steelcase 公司 / 美国 / 2010

图 2-80 模组化配件可根据需要配置使用并兼顾左右手的不同习惯 / Steelcase 公司 / 美国 / 2010

最终Node因其高度的功能集合性和应变灵活性，受到了各类使用者的好评。Node椅之间不同的匹配和组合方式，在同一个物理空间下可以构成不同的"学习空间"，应对不同的学习模式和学习情境。（图2-81至图2-83）

在需要变换环境或者学习模式的时候，使用者可以轻易地移动变换，并毫无负担地带走自己所有的学习物品。（图2-84）这样的"走到哪学到哪"的灵活机动性，实现了最初的设计定位，即"任何空间皆可成为学习之所"。除此之外，设计师还是保留了在人们的传统使用习惯中将把手作为"挂钩"的方式，满足不同情境和人群的需求。（图2-85）

图 2-81 讲座型教学情境 / Steelcase 公司 / 美国 / 2010

图 2-82　集体讨论型教学情境 /
Steelcase 公司 / 美国 / 2010

图 2-83　小组讨论型学习情境 /
Steelcase 公司 / 美国 / 2010

图 2-84　高度的功能集合性和应
变灵活性 / Steelcase 公司 / 美国 /
2010

图 2-85　应对不同使用习惯和偏好的设计细节考量 / Steelcase 公司 / 美国 / 2010

（2）学生案例：随心控温水杯设计

以下将以同济大学设计创意学院2015届产品设计专业赵正男同学的毕业设计——随心控温水杯设计（图2-86）为例进行讲解。此项毕业设计课题得到了齐思工业设计咨询（上海）有限公司（Teams Design）总经理罗鞍以及时任公司创意总监的顾熠琳两位校外导师的指导，在此谨向齐思公司和两位导师表示感谢，同时也感谢赵正男同学对于本教材编写的热情支持。

图 2-86　随心控温水杯设计 / 赵正男 / 同济大学设计创意学院 / 2015

此项设计课题针对的是户外运动和休闲的饮水问题。随着人们生活水平的提高，工作的压力和强度也大大增加，城市变成了我们"奋斗"的地方，渐渐地户外运动和休闲慢慢受到了都市人的青睐，亲近自然，"放飞自我"。此案例正是以这样的趋势为背景，展开了相关的设计调研。根据调研，我国户外运动和休闲活动的参与者占人群总量的9.5%左右，远低于发达国家平均水平。而随着我国经济的高速发展，人们对于生活品质追求的提高，可以预见在未来几年，户外运动和休闲市场将涌入大量的新加入人群，他们的户外活动强度和装备将会是一种相对的"轻专业"状态。根据这一调研结果，设计师将设计服务的对象定位在这一"轻专业"用户群体。

根据定位，设计师进行了大量的田野调研，包括用户采访、实地野营和参观展会等，通过使用情境调研与体验历程分析，最终将设计问题锁定在户外饮水的规划和温度控制方面。（图2-87、图2-88）

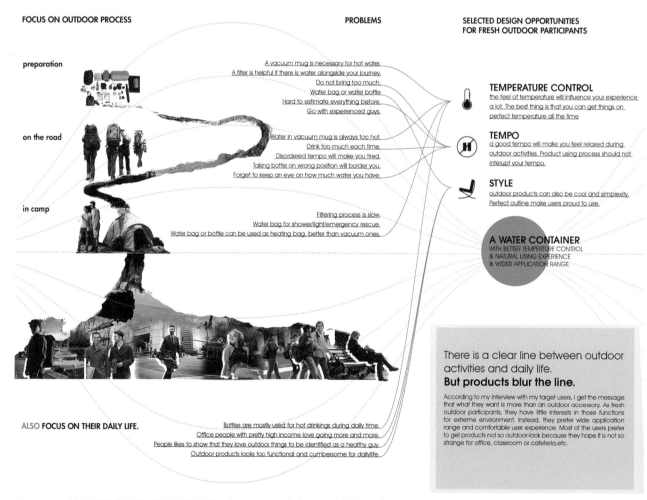

图 2-87　使用情境调研与体验历程分析 / 赵正男 / 同济大学设计创意学院 / 2015

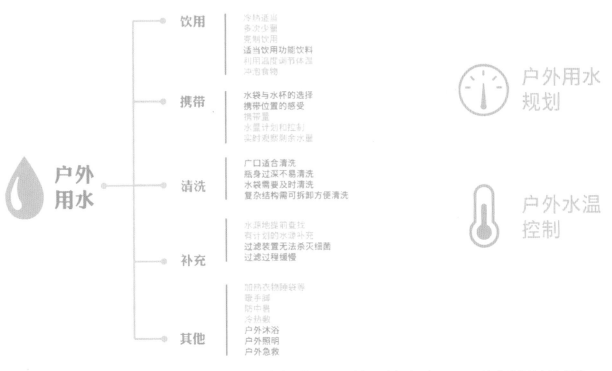

饮用
　冷热适当
　多次少量
　克制饮用
　适当饮用功能饮料
　利用温度调节体温
　冲泡食物

携带
　水袋与水杯的选择
　携带位置的感受
　携带量
　水量计划和控制
　实时观察剩余水量

清洗
　广口适合清洗
　瓶身过深不易清洗
　水袋需要及时清洗
　复杂结构需可拆卸方便清洗

补充
　水源地提前查找
　有计划的水源补充
　过滤装置无法杀灭细菌
　过滤过程缓慢

其他
　加热衣物睡袋等
　暖手脚
　防中暑
　冷热敷
　户外沐浴
　户外照明
　户外急救

户外用水 规划

户外水温 控制

图 2-88　基于使用情境与体验历程锁定设计机会 / 赵正男 / 同济大学设计创意学院 / 2015

在锁定设计机会之后，设计师开始探索针对性的设计策略和相应的设计概念。

并基于设计概念进行了大量的草图探讨，从中得出两个主要的设计方案方向。

（图2-89至图2-92）

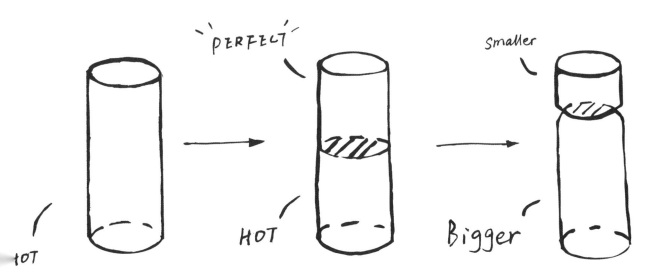

图 2-89　基于设计机会提出相应的设计策略和设计概念 / 赵正男 / 同济大学设计创意学院

图 2-90　基于设计概念进行设计方案探讨与发展 / 赵正男 / 同济大学设计创意学院

方案发展一
Ideation version 1.0

受到宇宙飞船架构的启发，运用"分仓"的概念将原有保温杯的一仓改为两仓，从而实现热水冷水共存，相互独立而互相补充。

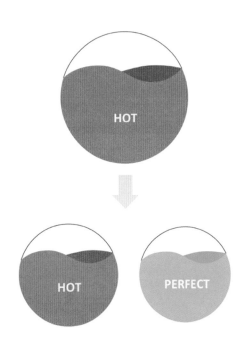

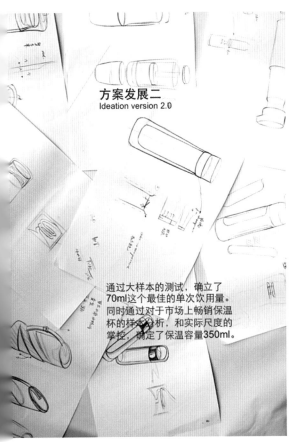

方案发展二
Ideation version 2.0

通过大样本的测试，确立了70ml这个最佳的单次饮用量。同时通过对于市场上畅销保温杯的样本分析，和实际尺度的掌控，确定了保温容量350ml。

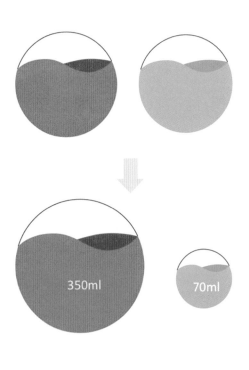

图 2-91　设计方案发展一 / 赵正男 / 同济大学设计创意学院 / 2015

图 2-92　设计方案发展二 / 赵正男 / 同济大学设计创意学院 / 2015

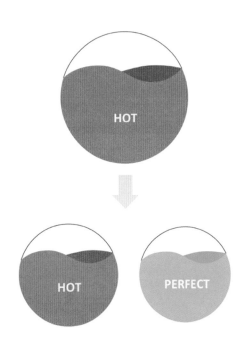

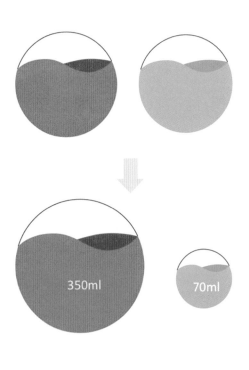

最后通过草模迭代，实现对功能、结构以及设计触点的详细探究，包括触点的强化设计与相关的可行性验证，推进设计最终方案的确立与完善。除此之外，本案例在最终设计方案的表现与设计概念的传达方面，也充分考虑并融入了使用情境的体现及其相关性。（图2-93至图2-97）

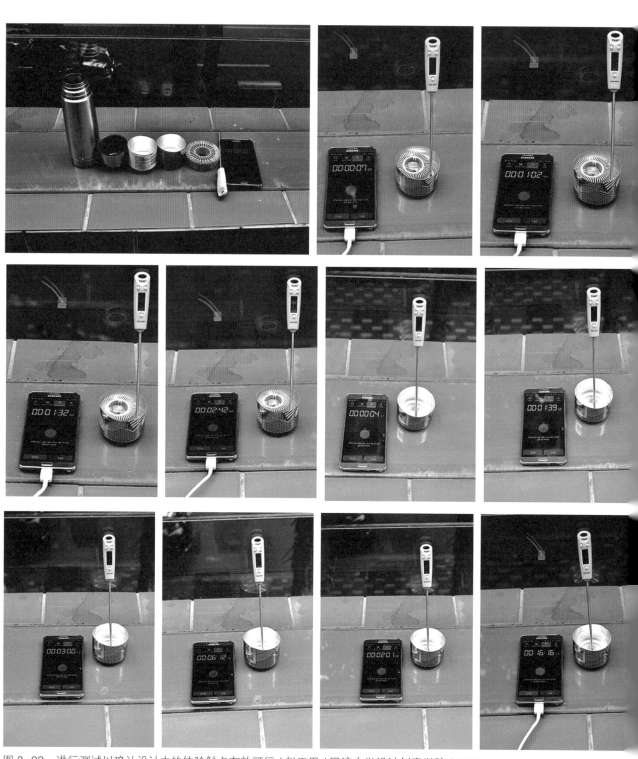

图 2-93　进行测试以确认设计中的体验触点有效可行 / 赵正男 / 同济大学设计创意学院 / 2015

For always perfect temperature, you need
a small capsule and a big thermal one in one bottle.

▼ Every part can be dismantled into
pieces, so that it is easy to clean.

图 2-94　对产品的触点进行结构和外
观的细致设计 / 赵正男 / 同济大学设计
创意学院 / 2015

图 2-95　上下腔体的分割与散热结构的细节
设计 / 赵正男 / 同济大学设计创意学院 / 2015

1´ You have 350 ml hot water staying hot.

2´ Turn it upside down.

3´ Now you have 70 ml at perfect taste and the rest still keep hot.

图 2-96　基于使用情境的设计方案表现与概念传达 / 赵正男 / 同济大学设计创意学院 / 2015

You deserve a sip of perfect temperature,
without waiting for A minute.

图 2-97 样机的制作与使用情境模拟 1 / 赵正男 / 同济大学设计创意学院 / 2015

图 2-98 样机的制作与使用情境模拟 2 / 赵正男 / 同济大学设计创意学院 / 2015

3. 知识要点及设计程序

（1）起：使用情境

没有任何产品是脱离使用者及其使用情境而独立存在的。当我们设计一件产品时，不能只想着这个产品本身，而是要更多地去思考产品所满足的用户需求究竟是什么，它又是在一种什么样的情境下被使用的。基于使用情境视角的创新设计正是立足于对这一点的强调与基于此的设计机会发掘。

对于产品的使用情境，大致可以从如下三点来把握。一是产品的使用对象，即产品的用户是谁；二是产品的使用过程，即用户会和产品发生怎样的交互关系，产品满足怎样的需求；三是产品的使用环境，即用户在整个产品的使用过程中的环境究竟是怎样的。综合以上三点，也可以说使用情境指的就是一个关于"谁（who）在什么样的环境和情况下（where & when）要做什么（what）"的问题。

然而对设计师而言，要想真正了解某类产品的使用情境，不可能也不应该只停留在对上述三个问题的字面回答上，或者是在电脑前做些"度娘"、知乎之类的"桌面调研"，或是在网上发个"问卷调查"。在这一环节，我们提倡、鼓励的做法是设计师要以上述三个问题为界定和线索，真正地"走出去"，去到真实的用户世界和使用情境中去。因为只有这样才能使设计师对目标产品的使用情境有更为真实和切身的体会与洞察。这样的做法被称之为"田野调研"，即强调"一线的"和"现场的"实际情况。田野调研是一种帮助设计师充分了解产品使用情境的正确打开方式。

正如我们所提到的，在做田野调研时最重要的就是设计者要能够"身临其境"，真正地沉浸到使用情境中去，这通常有两种路径。其一是设计师"隐藏"自己，以一种不干扰使用者和使用情境的方式，跟踪并记录某一位或某类用户的使用情境（图2-99）。其二则是设计师亲自"扮演"用户，以第一人称视角的方式，切身经历并记录整个使用情境（图2-100）。

图2-99　丹麦国家创新奖案例The Good Kitchen 项目调研过程中设计师零距离走进独居老人的日常饮食生活 / Hatch & Bloom / 丹麦 / 2012

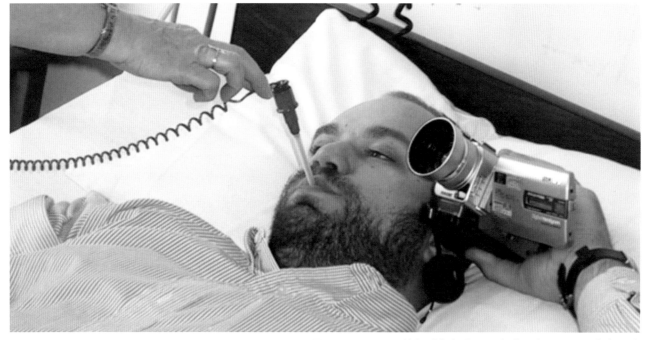

图 2-100　IDEO 的设计师把自己"变成"病人沉浸到真实的情境中，切身感受病人的体验 / IDEO / 美国 / 2005

（2）承：体验历程

体验历程是在设计过程中常用的一种以用户需求发掘为导向的设计方法，主要以用户体验历程图的绘制为核心目标，其前提则是对现有使用情境的深入和系统了解。用户体验历程图（Experience Journey Map）是一种通过视觉化的方法，将用户在特定的使用情境中为达成某一需求或目标所历经的体验过程加以显现和呈现的工具。通过创建用户体验历程图，能够更好地理解特定用户，在特定时间，与特定产品或服务所进行交互时的感受、想法和行为，并认识到这个过程中用户体验的演变过程，寻找用户在使用情境中往往被忽视或是"习以为常"以至于"视而不见"的痛点。

用户体验历程图最基本的创建模式是，首先是在使用流程或是时间框架下依次表述用户的需求目标和行为，随后在流程或时间轴线上填入通过对使用情境的调研所发现的用户相应的任务、行为、感受或想法等，继而通过统一的视觉化方式将用户对产品的使用历程和对应体验予以呈现，最终服务于对用户需求的洞察和设计机会的发掘。（图2-101）

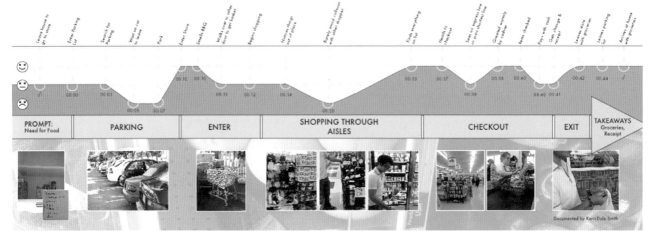

图 2-101　超市购物的体验历程图 / IDEO / 美国 / 2005

第二章　设计与实训

在用户体验历程的表达与呈现过程中，有两点值得强调一下：一是讲故事（Storytelling），二是视觉化（Visualization）。通过讲故事的方式来描述用户的体验过程，既能帮助设计者更好地融入用户具体和真实的使用情景之中，同时也能帮助设计者与外界（同事、总监、甲方等）更有效地分享、传递有关用户体验历程的信息。而用视觉化的形式将信息予以呈现，则能用一种更抽象和系统的方式将零散的调研信息整合起来，并且使信息的呈现更简单明了，同时，经过组织的视觉化信息，也能更好地为接下来的设计机会洞察提供有效的视角和证据支持。

（3）转：机会锁定

首先解释一下"机会"和"锁定"在这里的含义。本环节中的"机会"一词指的是设计机会，即通过设计解决或优化体验痛点的机会，设计师需要明白设计应该"解决什么样的问题"或"带来什么样的好处"。而"锁定"强调的则是对设计机会精准而明确的判断与定位。

在完成使用情境的调研和用户使用体验历程的描绘之后，最关键的便是要能将体验中的痛点转化为设计的机会。我们常常说"哪里有问题，哪里就有设计"，很多时候使用情境和体验历程中的不适或负面体验，就很有可能成为设计的机会。在本环节中，设计师首先要做的便是找到体验历程中的这些痛点，从而将其转化为设计的机会，使产品的使用体验得以优化。

然而只有对痛点的"洞察"是不够的，一个好的设计机会往往包含的不仅仅是对产品使用情境中的问题和体验历程中的痛点的发现，更重要的是要能够基于这样的发现，对设计目标提出精准而明确的定位。

比如，当我们通过调研发现用户在使用量杯进行烹饪或是烘焙准备的时候，常常需要弯下腰来读取放在厨房操作台面上的量杯刻度，或者是需要将量杯举起到使用者的视平面，并等待液体水平面稳定时读取刻度。无论是以上哪种方法，都是用户在使用情境中的一种"妥协"，无论是"弯腰"，还是"举起"量杯并"等待"液体平面稳定，虽然都是使用者已经"习以为常"的动作，但事实上这些都是在整个使用体验历程中的痛点，因为使用者需要付出比读取刻度本身更多的"额外动作"才能达到目的。这就是量杯使用情境中的体验痛点，那如何才能将它转化为更为明确而具体的设计目标呢？显然，我们的目标是要尽可能减少或者去除这些"额外动作"，从而让读取量杯上的刻度这件事变得更为省力。问题是，究竟该如何做到这一点呢？

图 2-102　从使用情境和体验痛点中定位设计机会 / Eva Solo 公司 / 丹麦 /1997

这里我们给出的方法就是找到产生痛点的真正原因，并将解决这一问题的根源作为明确的设计目标。在量杯的这个例子中，那些"额外动作"是人的正常视线高度和操作台的高度差所导致的。基于此，如果将设计目标定位在"解决使用者在正常站立情况下读取量杯的视线角度问题"这一点上，便算是一个更为具体也更为精准的设计机会的锁定了。（详细案例可参见3.3.2."OXO'轻松看'量杯"）

（4）合：触点强化

所谓触点，英文称其为Touch Point，在这里指的是产品与用户发生体验和情感交互的接触点，往往也是设计中重要的节点或是有特色的细节。触点同时也应该是设计目标在产品中最直接和最具体的落脚点。如图2-102这款来自丹麦品牌Eve Solo的玻璃沏茶器皿及其附件设计。设计师在基于使用情境的考量中发现玻璃器皿在装入热水后会变得比较烫，从而让握持移动的体验变得不佳，同时在室温中又不容易保温。所以Eve Solo的设计师在设计之初就考虑为这一系列的玻璃器皿增添一个用作"外套"的附件，并将此锁定为一个设计机会。并且他们又定位了这个"外套"需要完全贴合玻璃瓶的造型轮廓，以强调并延续这一系列的玻璃器皿独具风格的造型识别度。由此，这件"外套"同时被定位为此系列产品中另一个重要的体验元素。（图2-103）

图 2-103 从设计机会到产品触点的定位 / Eva Solo 公司 / 丹麦 /1997

Eva Solo的设计师根据这样的触点定位，对这个防烫保温外套进行了细致的设计，无论是在整体剪裁、外形收口细节、面料和颜色的选择或是拉链的设计与色彩搭配等方面，都做了细致的考虑和设计处理，以确保这件"外套"作为产品的触点，能够真正成为使用体验中的一大特色与亮点。这便是我们所说的基于设计机会定位的产品触点强化。（图2-104）

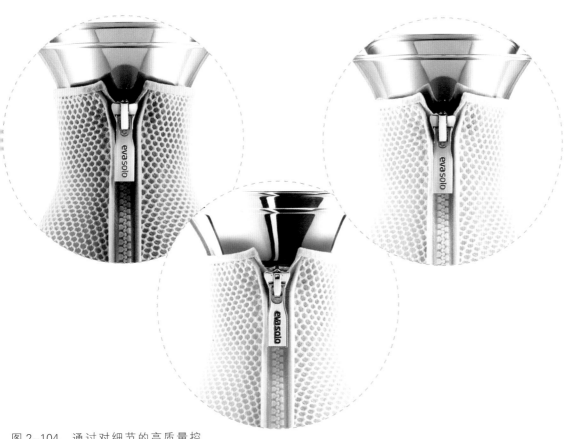

图 2-104　通过对细节的高质量控制，实现对体验触点的强调与优化 / Eva Solo 公司 / 丹麦 /1997

第三章

案例赏析

第一节　材料视角与产品设计案例赏析

第二节　原型视角与产品设计案例赏析

第三节　情境视角与产品设计案例赏析

本章是课程的尾声，主要将以案例欣赏和知识要点回顾为主。懂得欣赏，才能懂得创造。欣赏并解析优秀的设计作品，是设计学习过程中的重要一环。作为一名产品设计师，应当要学会鉴别并理解优秀的产品设计作品，并能透过产品的外表洞察其后的设计用意和用心：是为企业开发出一种新的材料应用，还是为用户创造一种全新的使用体验，又或者是为了某个新的使用情境开发更适合的新产品。

延续课程的主要脉络，本章将仍旧以产品设计的三种特定视角展开，即分为材料视角与产品设计案例赏析、原型视角与产品设计案例赏析以及情境视角与产品设计案例赏析三大部分。本章挑选了十二个现实生活中的优秀产品案例，在欣赏优秀设计的同时，追踪回顾第二章中所涵盖的课程核心知识点。为了让学生能够更好地理解三个设计视角的特点及其在不同类型产品设计中的应用，每个设计视角下的案例都列举了一个数码类产品，一个家居类产品，一个电器类产品以及一个文具类产品的设计案例来进行讲解。如此，学生可以在前后三种不同视角下进行案例的赏析，也可以在横向四类不同产品类型间进行案例的赏析。在引导加强学生对不同视角下产品设计程序与方法的理解之外，鼓励学习者思考这样一个问题，如果你是当时的设计师，你又会怎样设计这个产品呢？

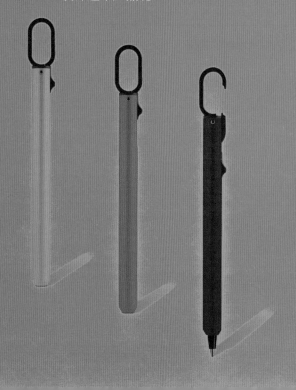

第一节　材料视角与产品设计案例赏析

材料特性、工法上手、应用突破、细节自洽是本课程所介绍的一种从材料视角出发的产品设计程序和方法。然而，不同类别的产品或不同出发点的设计项目，对设计各个阶段的侧重点必然会有所不同。本节从数码、家居、电器和文具四个产品类别中分别挑选了一件有代表性的产品设计案例。本教材介绍的基于材料视角的产品设计案例，多数都不是依靠于颠覆性的新材料开发，而更多是从材料创新应用的角度，发挥设计的创造力和竞争力。本小节所举出的四个案例作品，都经受住了市场的检验，且有不同的侧重。期望通过赏析设计作品，了解它们的开发经过，能充分展示基于材料视角的产品设计多样性，也向学生揭开真实的产品设计项目背后所需要付出的努力和投入。

1. 数码类：ASUS竹质／皮质笔记本

2005年左右，笔记本电脑发展到一个竞争白热化的阶段，新技术暂时还没有突破，为了在市场上拔得头筹，各家厂商纷纷研发新的材料处理工艺，以期利用外观界面的特殊感官效果吸引消费者。

华硕就是在这样的背景下，开始研发竹材在皮笔记本设计中的应用。华硕当时的理念是希望能打破科技类产品一向呈现的高冷风格，让消费者感觉到技术也可以是温暖贴心的。当时的笔记本电脑界其实已经开始尝试膜内装饰等多种办法，实验多彩或不同肌理效果的外壳，就是为了拉近人与科技的距离，但材料本身的工程塑料感从触觉上还是可以明显感知到。因此华硕提出大胆构想，尝试真正更换笔记本电脑的表面材料，使用真实的自然材料，才能"以源于自然的温暖抚触包容生硬的科技元素"（图3-1至图3-3）。

图3-1　竹质表面的笔记本电脑／华硕／中国台湾/2006

图3-2　皮质笔记本电脑的车缝线设计效果，让皮具感受更为真切／华硕／中国台湾／2005

图3-3　真皮表面的笔记本电脑 S6／华硕／中国台湾／2005

图 3-4 华硕与兰博基尼合作的笔记本电脑使用了染色真皮 / 华硕 / 中国台湾 / 2006

由于真皮本身的珍贵性，皮制笔记本自然而然地给人一种价格高不可攀的感觉。所以，2006年开始，华硕虽陆续推出各色的真皮笔记本，但始终只能在高端市场做推广，最后还与豪车品牌"兰博基尼"合作，推出高端限量款产品（图3-4）。

当时，华硕还邀请了他们的专业设计团队和硕设计，专门研究真皮这个材料，为了降低开发成本，也为了增加产品的配套周边，研究设计了多种不同定位的真皮材质的配件。

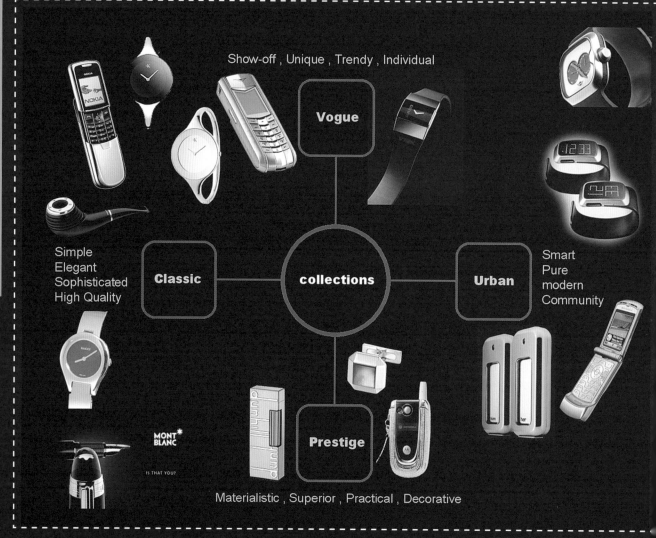

图 3-5　和硕设计针对皮具衍生品做的定位分析图 / 和硕设计 / 中国台湾 / 2005

当时的华硕与和硕设计团队一直致力于寻找笔记本的新材料可能性，并因此在设计部中单独设立材料开发专业团队，启用无设计背景却懂材料的研发人员，并在设计部设立材质库，收集多种样品，不停磨合团队运作，研究各种材料的特性。最终于2007年找到一种更环保经济，同时依然能让科技感觉温暖的材料可能：竹子，并研发出了一款竹表面笔记本EcoBook。（图3-6、图3-7）

图 3-6　和硕设计台北设计部内的材质研究室，为设计师提供灵感及与材质研究员探讨的可能性 / 和硕设计 / 中国台湾 / 2007

图 3-7　华硕竹材笔记本，touch panel 也使用了竹材 / 华硕 / 中国台湾 / 2007

竹子是有名的经济作物，竹材强度和密度都高于一般木材。且纹理通直，质感爽滑，色泽朴素，非常顺应当下人们回归自然的心态，其原生态的形式感比起真皮来，与人造科技的感觉之间有着更强烈的冲撞，对于塑造"温暖科技"的形象似乎更具效果。

无论是真皮还是竹材，虽然华硕基于材料的视角大胆创新，以满足"温暖科技"的要求，但仍然要考虑材料应用之后3C产品本身的物性标准。如：触控面板边上腕托位置的材料耐磨性、或者笔记本外壳表面的坚固性、内部零部件的散热性、竹材在制作过程中氧化色泽变化达标问题；在制作过程中，皮的延展性导致的对位不准确等。（图3-8至图3-10）

竹材、皮材，甚至是木材等其他材料，单独应用的物性无法和工程塑料相比。因此，为了达到3C产品的标准，华硕不得不投入大量精力在材料的工艺处理上，尝试多种表面处理工艺的可能性。如：将竹材做成薄薄的片材与塑料结合在一起，但塑料射出时的温度极高，如何使竹材耐受高温且与塑料结合成型后依然达到设计标准成为当时的开发难点之一；用多厚的片材能成型并保证成型效果，不至于材料太薄而在过程中被破坏，或者太厚无法弯曲到位，这些都是需要不尝试；另外，如何双向弯曲成型为需要的造型，腕托处如何长时间受汗水侵蚀不受损都是研发的重点。这些细节，也便是前两个章节中提及的材料应用过程中的自洽环节。（图3-11、图3-12）

图3-8　和硕设计在设计之初的草图 / 华硕 / 中国台湾 / 2005

图 3-9 华硕竹材笔记本有竹肉本色、烟熏自然碳化色、铁咖啡色和黑巧克力色四种颜色 / 华硕 / 中国台湾 /2007

图 3-10 皮笔记本的配套鼠标产品 logo 对位实验 / 华硕 / 中国台湾 / 2006

图 3-11 华硕竹材笔记本侧面双曲成型面简洁却蕴藏不简单 / 华硕 / 中国台湾 / 2007

图 3-12 华硕竹材笔记本腕托处表面进行了处理，不怕汗水侵蚀 / 华硕 / 中国台湾 / 2007

2. 家居类：宣纸椅

如果说华硕的皮质和竹材笔记本电脑是有目的商业化的产品材料研发，那么宣纸椅就是一次玩材料、玩感觉玩出来的结果。也可以说是一个基于材料特性、工法上手、应用突破和细节自洽的精彩案例。（图3-13）

宣纸椅的设计师张雷曾经留学意大利，回国后致力于保护与发扬中国传统手工艺。他与两位外国搭档，花了两年的时间，走访了浙江省余杭地区大大小小的12个村落，深入研究传统工艺和自然材料。他们走访的第一站，就是纸伞工坊。他们与纸伞师傅一同工作了三个月，每天摸索油纸伞的制作工艺。从挑选向阳面的竹子，到削竹条、嫁接伞骨、糊纸、修边、定型，一把纸伞，需要经历70多道工序才能最终完成。其中的任何一种材料或工序都可以单独拿出来，重新组合设计。于是，将柔软羸弱的宣纸做成一把椅子的念头在设计师糊伞的时候跳了出来。（图3-14）

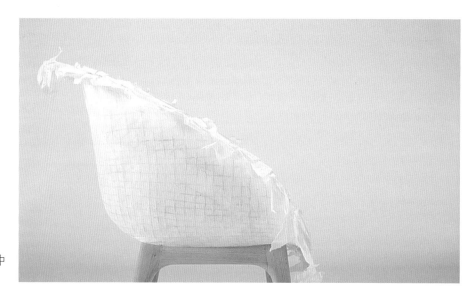

图 3-13　宣纸椅"飘" / 张雷 / 中国 / 2010

图 3-14　一层层地分拣宣纸 / 佚名

宣纸被一层层浸泡、晾晒，再糊在一起，每一层都需要保持平整，在刷上一层的时候千万不能弄皱下一层（图3-15）。而宣纸椅的骨架就是其中编制成网格状的柔韧竹条。

而椅子下面的木腿，也避免了铁钉，使用了同样材料的木头钉子，用以固定。成功制作第一张椅子的时候，设计师张雷与纸伞师傅也纠结于如何修整宣纸那些层层叠叠的边沿。但是尝试了多次后，却反而觉得，留着宣纸层叠后自然产生的褶皱边，让人更能感受到宣纸原本的柔性与飘逸，并为之命名为"飘"。（图3-16）

图 3-15　宣纸一层层地糊在竹编的网格架子上 / 张雷 / 中国 / 2010

图 3-16　宣纸自然产生的飘逸的边缘 / 张雷 / 中国 / 2010

这件作品很好地利用了宣纸细腻的质感和韧性，使其既具备温暖的触摸感，同时提供非常好的支持力。宣纸由安徽泾县宣纸作坊制作，糊纸由设计师和余杭糊伞师傅一起完成。令人惊讶的是本来柔弱的宣纸，在特定工艺下，具备和实木同样的牢固度。

2012年米兰国际设计周，"飘"获得了卫星展Design Report Award全场唯一大奖，这也是第一个得到该奖项的中国设计师作品。（图3-17）

设计师张雷和他的From 余杭项目，并没有就此停步，他持续探索中国传统工艺中的其他材料，如：竹、丝、土、铜。奉行自然主义的设计原则，遵循事物自然的发展规律做设计，他的设计探索过程就是一个通过对材料特性的深入研究，尝试理解不同工法的本质与可能，不断试验突破性的应用，最终在产品的各个细节上融会贯通的精彩过程。

图 3-17 2012 年米兰国际设计周卫星展 / 佚名

3. 电器类：LG盛唐纹冰箱

2006年，中国房地产业蓬勃发展，家电市场也正经历一场华丽升级。LG公司针对中国市场，推出大红色的盛唐纹对开门冰箱，由此，开启了家电的家居化时代。（图3-18）

在此之前，冰箱基本都是白色和银灰色居多，LG推出的这款大红色可谓十分大胆，但是却刚好迎合了中国人的对喜庆的需求。因为买家电的大部分人员都是因为新房装修，而新房装修大都是为了结婚需要；众所周知，中国人会在新婚当天所有家具家电上都贴上红色双喜字，而床铺被褥更是全套红色用以追求将来生活红红火火的喜庆含义。所以，红色的盛唐纹冰箱虽在市场上显得特别另类，却贴合了中国新人追求欢乐热闹的新婚喜庆心态，因此热卖。

花纹本身的绘制不难，但是要做出漂亮的中国红，并不是所有的传统冰箱材质都可以做到的。LG最终在这款产品上选择了玻璃背部印刷、背部雷雕的方式，并在其中镶嵌入施华洛世奇水晶。这样的表面处理方式赋予产品全新的文化价值，使家电超越单纯功能化的产品内涵，满足用户更深层的情感需求。（图3-19）

图 3-18　中国红盛唐纹对开门冰箱 /LG / 韩国 / 2006

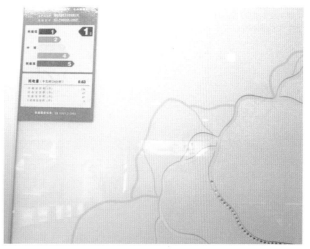

图 3-19　玻璃背后印刷雕刻的盛唐纹，同时镶嵌了施华洛世奇水晶 / 佚名

图 3-20 LG 品牌另一款对开门冰箱 / LG / 韩国 / 2007

盛唐纹冰箱的市场成功，让LG公司意识到了基于材料视角的产品CMF的重要性——只要小变化就能产生大效果的可能。这里提及的CMF即Color，Material，Finishing。也就是通过深入发掘产品本身的色彩、材料或材料表面处理方式的可能性与创新突破，从而改变和颠覆产品在使用者心目中的惯有印象，打造出有竞争力的新产品。前面我们所提到的华硕案例，也是这方面很好的例子。

冰箱外表面积较大，因为日常打理的关系，一般都要求表面光滑平整。然而这种背面雕刻的方式，由于玻璃本身的通透特性，不仅能表现出凹凸的质感，正面玻璃的光滑性仍然能得以保留，也让日常打理更轻松（图3-20、图3-21）。

喜庆的大红色也并非所有人群都可以接受，但是玻璃背部膜印可以模拟金属拉丝纹的效果，同时又可以在拉丝效果上看到花纹，因此而变化出来的可能性可以满足不同群体的各色需求。既可以热情四溢，又可以高冷低奢，这样的表面处理方式，后来被LG所常用，在冰箱的高端品牌DIOS上，也多有应用。不止如此，在随后几年小家电市场白热化竞争的时候，也第一个在小家电产品上应用了这样的膜印技术，后续也有众多品牌模仿使用。（图3-22至图3-24）

图 3-21 冰箱细节可以看到凹凸的条纹效果 / LG / 韩国 / 2007

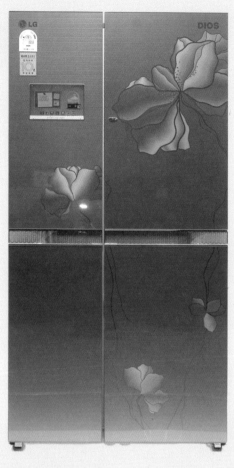

图 3-22　LG 银色金属拉丝纹效果的盛唐纹对开门冰箱 / LG / 韩国 / 2007

图 3-23　LG 品牌另一款背面雷雕正面印刷效果的冰箱 / LG / 韩国 / 2008

图 3-24　玻璃背印与背雕在小家电产品中的使用 / 美的 / 中国 / 2010

4. 文具类：Freitag环保包袋

Freitag环保包是一个非常典型的"设计改变命运"的产品。品牌的创立者和设计师就是弗赖塔格兄弟（Freitag）。弗赖塔格兄弟都是平面设计师，同样爱好骑行，一直生活在瑞士的苏黎世。苏黎世多雨，20世纪90年代，兄弟俩常常为骑行时候遇到下雨而烦恼，因为随身的包袋就会因此淋湿，里面的设计稿难免受到损害。需要一个防水包袋的想法一直在他们心中萦绕，然而却从没有找到合适的。（图3-25）

直到有一天，兄弟俩忽然被眼前疾驶而过、覆盖着脏兮兮防水油布的卡车所点亮。"为什么不尝试一下这个防水油布呢？"兄弟俩想到了回收站每年被丢弃的成堆的防水油布，决定去"捡"一些，自己制作心目中的防水包。也许是在回收站看到成堆垃圾被震撼，又或许是受到垃圾堆里其他材料的启发，总之最后，Freitag兄弟全部挑选了回收材料来制成了这个包。

经过多次试验制作，Freitag兄弟最后使用卡车的防水油布做包的主体，用废弃的自行车内胎做包的滚边，用废弃的汽车安全带做包的带子。兄弟两个的平面设计功力也在此得到体现，当亲朋好友看到他们背的自制防雨包，都赞叹不已，要求他们也为自己制作一个。慢慢地，从为朋友亲手制作，转变为创立Freitag品牌，大规模回收制作。现在，Freitag已经成为了全球知名的环保包袋代名词，并实现了现代批量个性化生产。（图3-26）

图 3-25　防雨的 Freitag 深受喜爱 / 佚名

图3-26　全部使用废弃材料而设计生产的时尚包类品牌 / Freitag / 瑞士 / 1996

一个典型的Freitag的包袋制作流程大致如下：

（1）回收废旧卡车防水布（图3-27）

图 3-27　回收废旧的卡车防雨油布 / Freitag / 瑞士 /2006

（2）裁剪清洁防雨油布（图3-28）

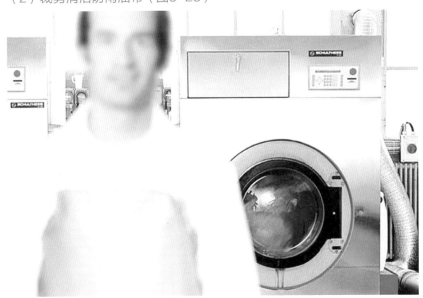

图3-28　裁剪清洁防雨油布 / Freitag / 瑞士 / 2006

（3）构图设计（图3-29）

图 3-29　构图设计 / Freitag / 瑞士 /
2006

（4）裁剪缝制（图3-30）

图 3-30　裁剪缝制 / Freitag / 瑞士 /2006

（5）检测成品（图3-31）

图3-31　检测成品 / Freitag / 瑞士 / 2006

（6）成品销售（图3-32）

由于油布上图案的变化，设计师的不同选择，因此Freitag的每个包袋的平面设计都是独一无二的，而使用的这几种回收材料让包本身的寿命大大高出其他材料的包袋，称之为环保包的确名副其实。纵观整个设计成型的过程，我们可以看到，这是一个典型的材料应用创新的案例。对于材料的挑选和高度整合的设计创新是最终成就这个产品的关键。虽然开始只是设计师一场DIY试验，却由于环保的理念与对废弃材料的创新应用，不断坚持改良，赋予了产品（品牌）独树一帜的个性和竞争力。即使是在最终的销售环节，无论是从店面的整体设计还是产品的储放与展示等各种细节，都充分体现了品牌背后的设计初心，成为市场热卖的优秀产品。

图3-32　Freitag 位于慕尼黑的卖场 / 2017

第二节　原型视角与产品设计案例赏析

与材料创新视角的产品设计流程不同，在以原型创新类的产品设计流程中，首先是对原型概念的理解，进而是对工作原理的解析、使用方式的革新以及设计语义的完善。这是一个完整且环环相扣的过程，每个阶段都很重要，几乎不分主次。本节同样从数码、家居、电器和文具四个产品类别中分别挑选了一个产品，通过分析讲述它们的开发经过，学生们可以看到四个阶段在不同设计项目中不分重点，需要兼顾，亦可了解到原型创新类产品设计过程中的难点和关键部分。同时也鼓励学生们思考，这样的原型创新是唯一的吗？

1. 数码类：iPod音乐播放器

iPod在问世之初就是一个划时代的突破，不仅打破了当时老旧音乐播放器的固有形象，更是帮助苹果进入数字时代的一个敲门砖。20世纪90年代末期，越来越多的用户从 CD 提取音乐，然后在 Napster 和其他网站分享，但苹果的电脑上没有音乐管理软件，甚至没有CD刻录机。为了迎头赶上，乔布斯雇用专人设计了iTunes软件，于是，相应地需要一个配合使用的硬件产品。当年乔布斯在设计该产品之初，把iPod定义为"口袋中的 1000 首歌曲"。（图3-33）

图 3-33　iPod 播放器——"口袋中的 1000 首歌" / Apple 公司 / 美国 / 2009

由于乔布斯的要求，在播放器中要放1000首歌曲，而传统的上下左右按键在切换歌曲时必然会遇到疲劳操作的问题。在产品设计的一次早会上，营销主管Phil Schiller坚定地提出："转轮是适合这个产品的用户界面。"同时，他也建议，如果转轮转动的距离长，菜单的下滑速度要加快，也就是加速前行。正是这个极富创新的想法，帮助 iPod 在同类产品中脱颖而出。（图3-34）

当然，也有人相信，最初的iPod的外观原型来自被苹果设计总监Jonathon Ive称为"精神导师"的Dieter Rams为Braun（博朗）设计的T3便携式收音机。（图3-35）

图 3-34　最初的 iPod 音乐播放器 / APPLE 公司 / 美国 / 2001

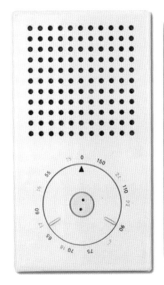

图 3-35　Dieter Rams 为 Braun 设计的便携式收音机与初代 iPod / APPLE 公司 / 美国 / 2001

确实，其调频使用的转轮与iPod的转轮有着不可回避的一致性。而且我们在苹果的设计中一直能看到Dieter Rams为Braun设计的许多产品的影子，甚至据说内部结构的设计也有诸多参考。（图3-36）

其实当时苹果所执行的许多项目，都是为了iTunes。乔布斯希望打造一个以iTunes为核心的数字音乐生态圈，所以才顺着便携式音乐的生态链向上摸索，开发打造了iPod这一硬件，并最终设计为iPod与 iTunes无缝融合。（图3-37）

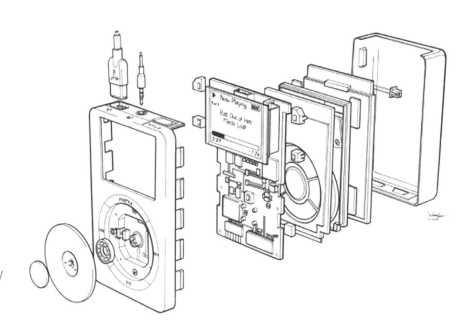

图 3-36 iPod1 内部结构解构图 / 西尔万·林恩（Silvan Linn）/ APPLE 公司 / 美国 / 2001

图 3-37 iPod 音乐播放器必须与 iTunes 链 接 使 用 / APPLE 公司 / 美国 / 2008

因为乔布斯不断地提到"数字中心"的概念，使得负责营销的Vinnie Chiero开始考虑"中心"的含义：事物连接的地方。如果把"中心"理解为太空船，当你离开太空船，要乘坐一个分离舱：Pod，但你总是必须回到主舰添加燃料、获取食物。所以当 Chiero 看到 iPod 白色的塑料正面时，他想到了"iPod"这个名字，并最终说服了乔布斯使用这个名字。（图3-38）

iPod一代最初除了转轮，还拥有四向的按键，而从第四代开始，就演变为按键与转轮结合在一起的形式，整个iPod的表面按键显得更少，界面更简洁。（图3-39）

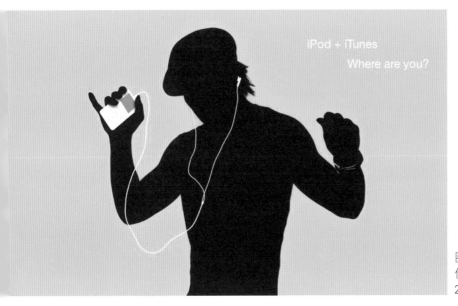

图 3-38 iPod 和 iTunes 都在了，你在哪里？/ APPLE 公司 / 美国 / 2008

图 3-39 iPod 4 将转轮和按键结合在了一起 / APPLE 公司 / 美国 /2008

随后的iPod mini、iPod Nano、iPod shuffle都沿用了转轮的形式感，使之成为了iPod系列产品的一个标志性视觉语言。（图3-40）

图 3-40　iPod 家族谱 / APPLE 公司 / 美国 / 2014

2. 家居类：±0 盐和胡椒罐

日本著名设计师深泽直人曾为品牌±0设计过一款盐罐与胡椒罐套件，打破了人们对于餐桌上的盐与胡椒罐的传统印象，创造出一种全新的产品原型。（图3-41）

深泽直人在设计时，受到了一种典型的拉丁美洲节奏乐器Maracas的启发，译名为砂槌，也叫作响葫芦，它由内装干籽的葫芦加上一个木制手柄组成。而砂槌的形态语义给人一种自然的摇晃和捶打的交互暗示——拿起砂槌，大家都会自然而然地打起节奏、上下摇晃。（图3-42）

而在使用盐和胡椒的时候，我们拿起瓶子也是同样在菜肴的上方不自觉地上下摇晃。同样的动作，不同的效果，却有着某种程度上使用方式的契合，这些最终转化为设计师在设计创作过程中的灵感——调味和演奏都是一种创作的过程，前者制作美味，后者演绎天籁，为什么不能给餐桌上也带来点欢快的节奏呢？（图3-43）

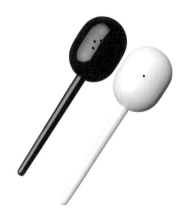

图3-41　深泽直人设计的 ±0 盐和胡椒罐 /
±0 / 日本 / 2008

图3-42　Maracas 译名为砂槌，也叫作响葫芦 / 佚名

图3-43　与食物摆放在一起，也还是会不自觉联想到砂槌 / ±0 / 日本 / 2008

砂槌的意象一眼就能看出，让人忍不住想要拿起这盐与胡椒罐打起节奏来。不过由于产品尺寸较小，所以深泽在设计时候，适当拉长了手柄的比例，让人在抓握时候会更舒适和自然。设计师将盐罐和胡椒罐的孔洞数量的经典设计保留，并调整罐体侧方的切面位置，以便更合理地摆放。这样的细节设计，使得人们在第一次使用这件颠覆了同类产品传统原型概念的全新产品时，能够自然地对其使用方法产生直觉的理解，从而在感受产品创新奇妙的同时，不妨碍产品的正确和正常使用。（图3-44、图3-45）

图 3-44　深泽直人设计的 ±0 盐和胡椒罐 / ±0 / 日本 / 2008

图 3-45　深泽直人设计的 ±0 盐和胡椒罐 / ±0 / 日本 / 2008

3. 电器类：Nespresso胶囊咖啡机CitiZ

Nespresso是雀巢旗下的主营胶囊咖啡机及咖啡胶囊的品牌，而CitiZ则是Nespresso胶囊咖啡机系列中的一款代表作。Nespresso的胶囊结构是雀巢在20世纪70年代就提出的概念，它把萃取咖啡的磨粉、压粉、冲泡过程压制在一个成型胶囊里一次性完成。用户一旦购买了胶囊咖啡机，就一定需要不停购买咖啡粉胶囊。这就是典型的"打印机－墨水盒"的原型概念。但这种划时代的产品理念直到2005年才逐渐受到市场欢迎。取名为CitiZ的这款产品，让人不自觉地想起城市的纷繁。（图3-46、图3-47）

图3-46　Nespresso 的 CitiZ／雀巢公司／瑞士／2006

图3-47　胶囊咖啡机 CitiZ 以城市意象为主题的宣传图片／雀巢公司／瑞士／2006

这种用铝膜包裹咖啡粉的胶囊产品，能有效地保存住咖啡粉的香味，并利于回收。胶囊咖啡机中有几个针头，会在进热水的同时，在咖啡胶囊表面戳25个洞，同时在底部也戳3个洞，然后迅速用15-19bar的压力注入沸水，滤过咖啡粉，最后从底部3个洞中萃取出最终的咖啡。（图3-48、图3-49）

图 3-48　Nespresso 铝膜咖啡粉胶囊 /
雀巢公司 / 瑞士 / 2009

图 3-49　用过之后的铝膜咖啡粉胶囊 / 雀巢公司 / 瑞士 / 2009

雀巢公司对于Nespresso胶囊咖啡机的开发定位，就是使忙碌的都市居民用户每天清晨都能享用一杯香醇精粹的早安咖啡。由于半自动咖啡机既耗时，又需要技术，不适合家用；而全自动咖啡机体型较大，且咖啡豆或咖啡粉开启后在储藏罐中不宜久放，都不是家用、便捷享用的最好选择。而胶囊机的出现刚好填补了这一空白领域，并且创造出前所未有的咖啡机原型和人们自制咖啡的方式。他们同时就此研发生产了几十种咖啡胶囊。从浓烈咖啡、浓缩咖啡一直到花色咖啡，满足不同爱好和选择，而这些咖啡胶囊才是真正后续获取市场效益的大头。（图3-50至图3-52）

图3-50 Nespresso满足家用、快速且专业的咖啡享用需求／佚名

图3-51 胶囊咖啡机开创了新的咖啡机原型和人们自制咖啡的方式／佚名

图 3-52　Nespresso 开发了满足不同口味需求的各种咖啡胶囊系列 / 雀巢公司 / 瑞士 / 2010

经过整整20年的发展，Nespresso的用户群和市场定位越来越明晰。他们发现第一次的用户体验非常重要，直接影响客户会不会购买一台Nespresso胶囊咖啡机。所以自2000年起，他们在全球各地开始开设自己的营销渠道，建立了精致的旗舰店，让客户在旗舰店内享用咖啡。并创建"Nespresso会员聚乐部"，同时开放线上商店，方便当地暂时还没有旗舰店的用户下单购买。（图3-53）

图 3-53 Nespresso 的实体旗舰店 / 雀巢公司 / 瑞士 / 2007

4. 文具类：国誉（Kokuyo）多角橡皮擦

国誉是日本的著名文具品牌，从2002年起举办国誉设计比赛（Kokuyo design award），并从中寻找具有市场潜力的产品加以商品化。本案例所要介绍的多方角橡皮擦（Kadokeshi橡皮）就是这样诞生的。（图3-54）

橡皮是一个消耗品，需要使用者不停更新换代。因此橡皮擦设计也是多种多样。但大部分的橡皮擦或者文具厂商，只是简单地变化外形和图案；而部分有实力的厂商会注重研发橡皮擦的材料，保证擦拭的干净和屑量的尽量少；而日本厂商更关注在人的使用感受。人们往往对全新橡皮擦的8个尖角有着莫名的"珍惜"情结，因为在使用时尖角更灵活精确。（图3-55）

但可惜当下市场上一般橡皮擦只有8个角，每次擦一个角，只能有8次"精准擦拭"。为什么不能让这种使用到尖角、擦得干干净净的感觉一直保留给用户呢？最终"精准擦拭"的这种心理状态被国誉设计比赛中的一个参赛者找到了答案。他最终设计出了具有28个角的多角橡皮擦，从而创造出了一种全新的橡皮擦原型（图3-56）。

图3-54　多角橡皮擦 / 国誉 / 日本 / 2003

图3-55　在使用过程中橡皮擦的尖角因其更精确灵活而具有"特别珍贵"的价值

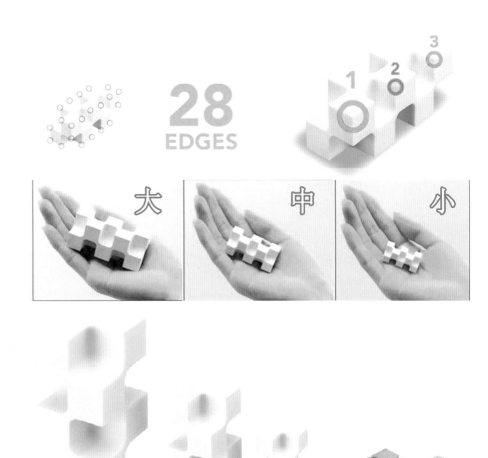

图3-56　多方角橡皮的诞生 / 国誉 /
日本 / 2003

因为有28个角，事实上每个方块都变成了一个小型的橡皮擦单元，并且交错地连接在一起，所以擦完一个角很容易再次产生新的角，让整块橡皮一直处于一种持续可以找到尖角的状态，从而使这款全新原型的橡皮擦一经问世便广受好评。（图3-57）

因为市场的巨大成功，多方角橡皮擦获得了日本的G－mark奖和德国的红点奖。后来Kokuyo基于这款成功的产品，还陆续推出了糖果色的版本，并使用糖果的包装，让它看上去更惹人喜爱（图3-58、图3-59）。

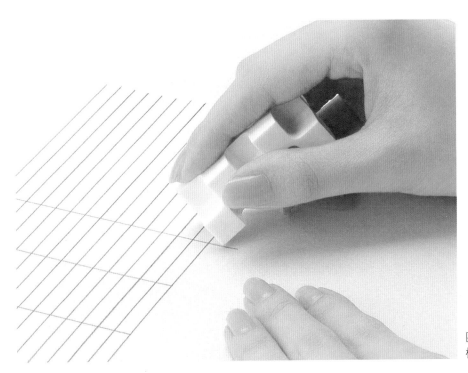

图 3-57 多角橡皮擦的使用和一般橡皮无异 / 国誉 / 日本 / 2003

图 3-58 糖果色多角橡皮擦 1 / 国誉 / 日本 / 2004

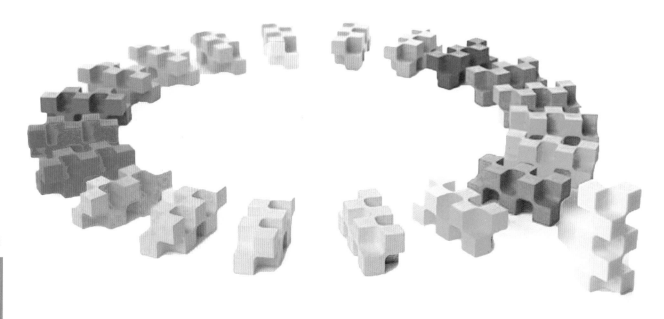

图 3-59　糖果色多角橡皮擦 2 / 国誉 / 日本 / 2004

第三节　情境视角与产品设计案例赏析

本节中，我们将对从情景视角出发的产品设计案例进行介绍。在上一章中，我们已经提到了基于情境视角的产品设计流程中，设计师需要熟悉使用情境，深入体验历程，寻找并锁定设计机会，并通过强有力的设计触点最终完成出色的设计。这个创新视角与原型创新视角有相似点，每个阶段的重要性都比较平均，突破只是一瞬间的事，而寻找突破点和设计优化都需要投入很大精力。依照我们的分类，本节将仍旧按照数码、家居、电器和文具四个产品类别来进行介绍，我们从中分别挑选了一个具有针对性的使用情境，有生活中常见的厨房环境，也有办公场所的使用场景。通过案例分析可以看到，尽管涉及不同的使用情境，但每个案例背后的根本设计理念与方法却又都是相同的，那就是在情境中定位痛点和机会，从而通过设计改善和提升用户或参与者的使用体验。

1. 数码类：自拍杆（Selfiestick）

自拍杆是一个伸缩度为20~120cm、能够放置并遥控智能手机拍摄的便携杆。虽然很早就有自拍杆这类产品，但目前这种形式的流行很明显是由智能手机的风行引发的。大约从2005年起，智能手机厂商们越来越关注手机前后置摄像头的像素和成像质量，自拍这件事情也随之慢慢风靡起来，而且很明显地成为一股不可逆的生活趋势。（图3-60）

图 3-60　自拍成为一种新的时代现象 / 佚名

但是，由于受限于手臂长度，人们手握手机进行自拍的话，总会遇到屏幕宽度限制或者人脸变形等诸多问题，令照片上的自我形象失真，难以达到理想的自拍效果。因此，自拍杆应运而生。市场上目前常见的自拍杆控制模式有两种，一种就是图3-61所示的利用手机上的耳机孔，连接上自拍杆之后就可以通过杆上的按键进行拍摄控制；另一种则是通过蓝牙链接，另配一个蓝牙遥控器，对智能手机的拍摄进行控制。

自拍杆被使用最多的情境，还是旅行途中，无论是高山大海，还是城市山林，自拍杆收缩后体积小巧，非常适合放置在包袋或口袋中，需要的时候立刻取出，轻松伸展设置，完成拍摄。目前尚未有一种产品能取代自拍杆的功能。（图3-62）

图 3-61　利用耳机孔控制的自拍杆 / 佚名

图 3-62 自拍杆在旅途中的使用 /
佚名

伴随着自拍杆的热销，同样也有设计师从更便携的角度去思考改良设计。因此我们也看到图3-63这款在Kickstarter上众筹的产品，这款自拍杆同时也是一个手机壳，将手机保护、手机支撑、自拍等功能集于一身，让便携更加彻底，自拍更加方便。

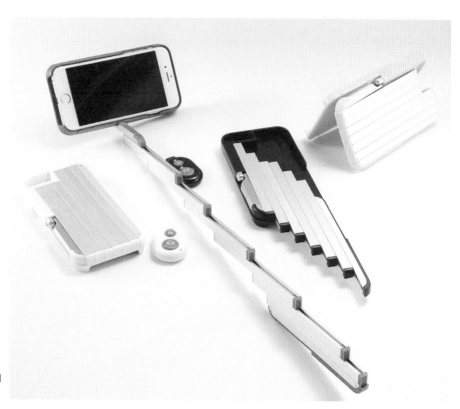

图 3-63 整合了手机壳的新款自拍
杆 / 美国 / 佚名

2. 家居类：OXO "轻松看"量杯

在西方的烹饪文化中，量杯是厨房中必不可少的一件工具。接下来我们所要介绍的案例，就是一款从使用情境的痛点出发而诞生的独具创意的优秀产品设计，它来自美国著名的厨房用品品牌OXO。OXO这款"轻松看"量杯可谓是产品创新设计的一个典范，其好处就是用户无需躬下身就可以从顶部看到所注入液体的容量。（图3-64）

图 3-64 拥有斜面刻度的"轻松看"量杯 / OXO / 美国 / 2012

其实在量杯设计前期，OXO公司所做的用户研究中，当问及人们使用量杯有什么问题的时候，得到的答案往往是"太滑""量热水时候，手柄太烫"之类。却没有人提及每次查看刻度时候不得不多次倾身躬下查看侧面的度数，这个不仅麻烦而且很累的动作已经成为人们使用量杯时候的习惯，（图3-65）甚至每个使用者已经对这个痛点"视而不见"了。然而当用户习惯了每次测量液体都要蹲下去几次之后，乍然使用到OXO的斜刻度量杯，则会有一种"哇"的感慨：原来量杯也可以这样使用！（图3-65、图3-66）

发现并锁定以这种无人在意的"习惯性痛点"为设计的切入点，让OXO研发出了这样一款特殊产品。这样的设计，看似小小的改动，然而在最终成型的时候却要动足脑筋。OXO公司用了一个阶梯式的收缩，使得量杯刻度的斜面轻易展现，也令模具的制作有了可能。但是斜面的印刷始终是相较于一般产品更困难的部分。另外，OXO也保留了侧面刻度线，以方便不同使用环境下不同的使用模式（图3-67、图3-68）。

图 3-65 一个司空见惯、习以为常的不佳使用体验 / 佚名

图 3-66 站立高度自上而下轻松读取量杯刻度 / OXO / 美国 / 2012

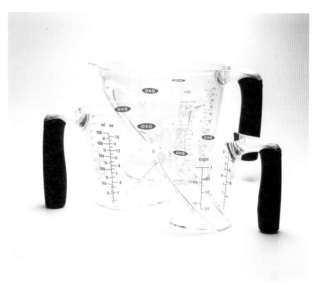

图 3-67　500ml 的轻松看量杯 / OXO / 美国 / 2012

图 3-68　同时提供斜面和侧面两个维度的刻度，以满足不同的使用情境 / OXO / 美国 / 2012

除当时开发的透明杯身的几个不同型号量杯，OXO后期还连续推出了小型的60ml透明量杯以及60ml金属杯身量杯，持续发掘产品的开发潜力。尤其是不锈钢的量杯，更是充分利用了斜面刻度的优势。OXO这款"轻松看"系列量杯可谓是一个从使用情境中挖掘出新需求的优秀设计案例。另外，值得一提的是，特殊斜面的设计同时还能起到倾倒时的导流作用。（图3-69、图3-70）

图 3-69　内壁斜面刻度使得不锈钢材质的量杯也成为可能 / OXO / 美国 / 2013

图 3-70　斜面刻度设计与导流功能的有机整合 / OXO / 美国 / 2012

3. 电器类：搅拌机便携杯

子弹头式的搅拌机，早在十多年前就已经普及开。然而最近几年搅拌榨汁类产品中最红火的，则是原汁机和破壁机，两者的着眼点都是在于帮助用户更有效地摄入食物营养。从营养吸收层面而言，它们的优势显而易见。但是一个小小的设计改变，令已经没落的子弹头搅拌机在2015年成功逆袭。而此举凭借的就是对于产品使用情境的深度发掘与开发。

图3-71这款产品是2017年获得红点奖小家电品类奖项的搅拌机，也是传统子弹头式的设计；然而不同于传统的不仅仅在于其优雅的陶瓷感外观设计，还有其搅拌杯盖子的特殊设计。将便携杯盖与搅拌功能整合之后，用户尽可以在匆忙的早上随手塞入一些蔬果，然后去刷牙洗脸，临出门的时候顺手拿起已经搅拌好的蔬果汁，盖上便携盖，一边赶路一边享受健康蔬果汁。（图3-72）

图 3-71　2017 红点奖小家电获奖作品 Vase 搅拌机 / bianco di puro / 中国香港 / 2017

图 3-72　适合上班族使用的搅拌机便携杯 / Breville / 中国香港 / 2017

这一使用体验的升级，恰好能迎合都市忙碌上班族们追求健康时尚，同时又不能放弃效率的需求。于是，这款只是在盖子的模块化设计上略作改动的产品，开始迅速流行起来。（图3-73、图3-74）

图 3-73　将搅拌粉碎机的底座与随行杯的杯盖进行模块化整合

图 3-74　兼具搅拌粉碎和携带新鲜果汁的随行杯

市场对此类产品的青睐，使整个子弹头系列的产品品牌，甚至是健康类产品的品牌都闻风而动。榨汁机老品牌Breville（图3-75）、营养品保健专家品牌GNC（图3-76）等众多品牌的跟进，让这阵风越吹越烈。各家为了差异化，除了杯盖上的变化，杯身也是变化多端，侧重便携时尚的同时还兼顾饮用的方便性，打造出各具设计特色的新产品。

在这个案例中我们可以看到，设计师并没有局限于对产品本身的使用情境的发掘，而是基于搅拌粉碎这一产品类目，洞察到生活中的一个平行需求——携带新鲜果汁。通过将"平行"变为"相交"，设计师对榨取新鲜果汁和储藏并携带的情境进行整合式的创想，并紧紧抓住了这一"情境链"，通过产品设计的方式将可能性串联在一起，从而形成了独具竞争力的新品类产品。

图3-75　各大品牌争相推出面向此类使用情境的新产品 / Breville / 美国 / 2017

图3-76　营养品品牌GNC配合保健品蔬果汁配方推出便携杯搅拌机 / GNC / 美国 / 2017

第三章 案例赏析

4. 文具类：Hang-on 挂钩笔

2016年获得红点奖的Hang-On挂钩笔也是一款从观察使用者行为发现设计契机的产品。相信所有人都经历过突然要用笔，可就在眼前的笔翻来翻去怎么也找不到的情景；也可能有过带了笔出门却在使用完毕后没有及时收好而遗失的回忆；或者忘记扣上笔帽致使衣物或者包袋脏污的尴尬。这些都是香港TEN-design的设计师们观察重现了用笔情境之后试图解决的痛点。（图3-77）

从传统的钢笔到后来的圆珠笔、自动铅笔，都习惯在笔侧或者笔帽上加一个别片，方便使用者将笔别在衬衣口袋或者笔记本书页上。这个设计最初也是迎合工程师们或白领们喜欢在胸前衬衫口袋放一支笔以便随时使用的情景设计的，甚至慢慢演变成为了一种文化。（图3-78）

然而随着社会发展和现代化办公环境的变化，不仅穿着上更休闲化，女性工作者的增多更是让这一问题更加凸显：不是所有人都有一个胸前口袋的。TEN-design显然意识到了这一点，但他们并不追求特别复杂的改变，而是通过在笔头加置一个挂钩的方案，使这一问题迎刃而解。并且，挂钩的设计让整支笔的形态自然而然拥有了独特的个性。同时通过产品内部的机械结构，实现了让挂钩与笔尖联动——即锁扣打开与笔头伸出同步，此时自然是使用状态；反之则是非使用状态：锁扣闭合时笔头自然收起。通过这些巧妙的设计构思，设计师成功地让使用者在使用过程中，顺畅自然地避免了上述问题，并且也使这只笔独具风格。（图3-79）

视觉上的大挂环，让用户轻松地就能理解它可以挂在任何需要的地方，但使用过程中，只要将笔侧面的按钮向下按动，挂钩开启，即可轻松取下，同时笔尖滑出，以供使用。同样，使用完成后，也需要关闭挂钩同时收回笔尖，这个动作又自然而然地提醒了使用者回收自己的笔。（图3-80）

这样的设计特点甚至拓展了随行笔的携带方式，只要是可以挂的地方都可以利用。从本案例中我们可以看到，产品设计的切入点源于对使用情境的深刻体察，而一个好的设计甚至可以触发新的使用方式。我们需明白的是，所有的改变都是基于真实的情境及人们无处不在的需求而产生的。

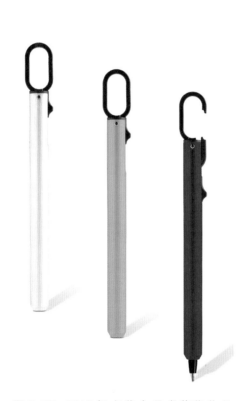

图 3-77　2016 红点奖文具类获奖作品 Hang－on 挂钩笔 / TEN－design / 香港 / 2016

图 3-78　在口袋上别一支笔一度成为一种风潮和职场文化 / 佚名

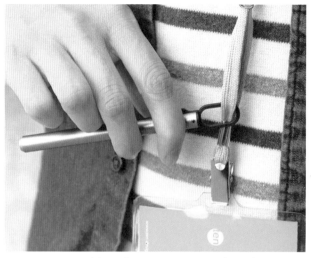

图 3-79　可以别在识别证上的 Hang – on 挂钩笔 / TEN – design / 香港 / 2016

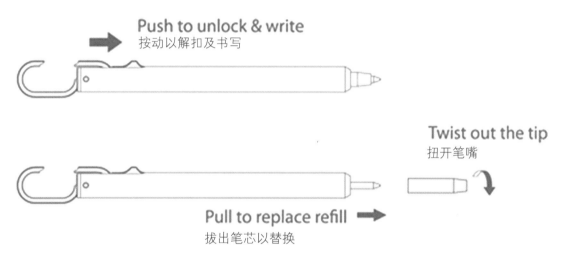

Push to unlock & write
按动以解扣及书写

Twist out the tip
扭开笔嘴

Pull to replace refill ➡
拔出笔芯以替换

图 3-80　挂钩与笔尖的联动机构设计 / TEN – design / 香港 / 2016

图 3-81　可以挂的地方都可以使用，甚至可以挂在包袋的拉链上 / TEN – design / 香港 / 2016

后记
AFTERWORD

本教材的编写源于我与总主编林家阳教授在学院的多次沟通，经过近两年的大纲修改、敲定和内容编写，终于即将付梓。非常感谢林教授对我的信任、鼓励以及在教材编写过程中给予的宝贵意见和建议，使得这本教材的面世成为可能。由于各种原因，我在教材的编写过程中常常写写停停，实在算不上一位给力的作者。在此，要感谢中国轻工业出版社的编辑对我这样一位作者的耐心与理解、督促与支持，才使得本书得以在 2018 年前完成编写工作。

必须特别感谢沈璟亮、凌希、吴孛贝、杨兆斌、黄恺宇和赵正男，他们为本教材的编写提供了优秀的学生设计案例和素材，使得教材内容更为生动，也更具有实际的借鉴意义。此外，还要感谢我的同事莫娇、刘力丹和任丽莎，以上这些学生的部分设计案例是由她们指导完成并联系提供的。再次感谢我的学生和同事们对本教材编写的热情支持。

还要感谢本书的第二作者刘菁。本书的第一、二章由我编写，第三章主要由她编写完成。过程中需要对产品设计的优秀案例有较广泛的涉猎与积累，并涉及大量的收集、筛选与整理工作，是一项需要细致且极花时间的任务。感谢她的帮助与参与，使本书最终得以完成。

最后要感谢我的太太史洁，没有她的理解、帮助与支持，本书也不可能完成。作为一名非设计专业的"小白鼠"，她是本书的第一位读者，对本教材中的很多表述给出了建设性的意见。也感谢一直以来默默关心和支持我的父母。

本书在编写过程中使用了大量图片。尽管我和我的合作者已经尽最大可能筛选、追溯并确认图片的出处，但也难免会有疏漏或差错。同时由于写作的时间跨度较长和个人能力的局限，书中的一些细节和表述不免会有不尽如人意之处，请读者和相关方见谅，并不吝赐教和指正。

最后想对本书的读者说上两句，本书虽然是叫《产品程序与方法》，但并不是什么金科玉律和黄金法则。拿烹饪打个比方，菜谱固然好，但优秀的厨师可能并不会完全按照一本菜谱烧菜，同样，优秀的设计师也不应该、不会以一种固化的程序和方法来做设计。衷心希望本书能更像是个罗盘，而并非是给定的坐标，能帮助读者在探索和学习产品设计的道路上得到自己的体会与收获。

刘震元

2017 年 12 月上海